强对流天气年鉴

（2020）

中国气象局　编

气象出版社
China Meteorological Press

内容简介

强对流天气，尤其是龙卷天气，发生快，灾害强。本书全面系统地收集了 2020 年短时强降水、雷暴大风、冰雹及龙卷资料并进行规整，对比历史同期，总结提炼了 2020 年强对流天气的特点。对 2020 年 41 次影响范围较大或较强的强对流天气过程的发生发展情况，8 次显著的强对流天气事件的环境背景、发展演变等信息进行了细致而全面的描述。为方便相关行业及人员查阅，书末按照强对流天气发生的时间、地点、强度、类型等关键信息进行了索引，制作了检索表格。

图书在版编目（CIP）数据

强对流天气年鉴. 2020 / 中国气象局编. -- 北京 ：气象出版社, 2024. 12. -- ISBN 978-7-5029-8389-5

Ⅰ. P425.8-54

中国国家版本馆 CIP 数据核字第 2024RA9477 号

审图号：GS 京(2024)0973 号

强对流天气年鉴(2020)

Qiangduiliu Tianqi Nianjian(2020)

出版发行：气象出版社

地　　址：北京市海淀区中关村南大街 46 号　　**邮政编码**：100081

电　　话：010-68407112(总编室)　010-68408042(发行部)

网　　址：http://www.qxcbs.com　　**E-mail**：qxcbs@cma.gov.cn

责任编辑：张　媛　　**终　　审**：张　斌

责任校对：张硕杰　　**责任技编**：赵相宁

封面设计：地大彩印设计中心

印　　刷：北京建宏印刷有限公司

开　　本：787 mm×1092 mm　1/16　　**印　　张**：10

字　　数：256 千字

版　　次：2024 年 12 月第 1 版　　**印　　次**：2024 年 12 月第 1 次印刷

定　　价：98.00 元

《强对流天气年鉴(2020)》
编 委 会

主　　编：赵素蓉　方　翀　蓝　渝

副 主 编：周晓敏　周晓霞　曹艳察　麦　子

编写成员（以姓氏拼音字母为序）：

蔡雪薇　樊利强　关　良　华　珊　刘鑫华
吕终亮　毛　旭　盛　杰　唐文苑　田付友
王　超　杨　波　张　涛　张小雯　张亚妮
郑永光　周楚炫

前　言

短时强降水、对流性大风(雷暴大风)、冰雹、龙卷等强对流天气，具有发生突然、变化剧烈、破坏力强、易于致灾等特点。我国是世界上强对流天气种类最多、影响致灾最严重的国家之一。为针对性开展我国强对流天气的预报预警、机理研究、风险评估和灾害防御等相关工作提供科学支撑，强对流年鉴应势而生，力求全面、系统、准确地提供我国每年强对流天气基础信息资料。

2020 年我国全年强对流的主要特点是首次过程早，短时强降水多，春季强对流偏弱。全年共发生 41 次主要强对流天气过程，其中 46%是以短时强降水为主的强对流天气过程，另外，有 11 次为雷暴大风、冰雹、短时强降水混合的强对流天气过程，11 次以雷暴大风和(或)冰雹为主。短时强降水多出现在江南等地，西南地区的对流性降水也比较频繁，但极端强度的短时强降水较少。

从季节分布来看，夏季是 2020 年强对流过程的高发季节，6—8 月共计发生 30 次主要强对流天气过程，占全年的 73%。全年中，6 月发生的主要强对流天气过程次数最多，影响范围最广，达 13 次；其次为 8 月，共计发生 9 次。当年，我国首次主要强对流天气过程发生在 2 月 13—15 日，华南、江南、西南地区东北部出现区域性短时强降水，并伴随雷暴大风和冰雹天气，时间上较常年偏早 14～19 d；影响我国北方地区的第一次主要强对流天气过程发生在 5 月 10 日，吉林、黑龙江、内蒙古等地出现风雹天气。2020 年我国最晚的主要强对流天气过程发生在 9 月 5—7 日，广西、广东、贵州等地出现短时强降水和雷暴大风天气。统计信息表明，受影响最多的省份为贵州、湖南、江西，分别受到 16 次、15 次、14 次过程影响；其后是河北，有13次过程影响。2020年根据影响范围和灾情的严重程度，共选录8次主要强对流天气过程为重大强对流天气事件。

《强对流天气年鉴》的编撰工作由国家气象中心牵头承担，编制过程中承蒙中国气象局预报与网络司、国家气象信息中心、中国气象局气象干部培训学院、广东省气象局等单位领导和专家的大力支持与协助，在此谨致谢忱。

编者

2024年7月

编写说明

1. 资料来源及说明

本年鉴第1章的气象观测资料（1981—2020年）主要来自中国气象局国家气象信息中心整编的国家基准气候站、基本气象站和一般气象站观测资料（共2476站）；第2章、第3章2020年强对流天气气象观测资料来自中国气象局国家气象信息中心整编的全国国家级气象观测站观测资料（共10459站），其中第2章、第3章极端强对流天气的部分数据来自自动气象观测站；第3章天气形势综合分析图和温度对数压力图数据来自中国气象局全球同化预报系统（CMA-GFS）和中国气象局中尺度天气数值预报模式（CMA-MESO）分析场资料；第3章雷达组合反射率拼图和剖面图使用国家气象中心存储的雷达基数据资料。

2. 强对流天气定义

本年鉴参照《强对流天气等级》（QX/T 416—2018），将强对流天气划分为短时强降水、雷暴大风、冰雹、龙卷四类，具体定义如下：

短时强降水：在同一个或多个中小尺度天气系统相继或连续影响下，在很短时间内（通常不超过1 h）出现的雨强较大的对流性降水。雨强达20 mm/h（含）以上。

雷暴大风：伴随雷暴、雷雨出现的对流性大风。风速达17.2 m/s（含）以上。

冰雹：坚硬的球状、锥状或形状不规则的固态降水。

龙卷：从积状云底延伸到陆面或水面的快速旋转空气柱。

3. "主要强对流天气过程"选录标准

本年鉴中，规定达到以下任一条件的强对流天气过程，记为一次"主要强对流天气过程"（适用于全国10459个国家级气象观测站）。

（1）该过程中，有3个及以上相邻省（区、市）部分地区出现雷暴大风或冰雹，且至少有1个省（区、市）出现雷暴大风和冰雹站数占总观测站数比例达到8%以上。

（2）该过程中，有3个及以上相邻省（区、市）部分地区出现短时强降水，且至少有1个省（区、市）出现短时强降水站数占总观测站数比例达到15%以上。

（3）该过程中，至少出现1次强龙卷。

4. "重大强对流天气事件"选录标准

在"主要强对流天气过程"中，根据强对流系统影响范围、强对流天气的极端性及其致灾情况等进行综合排序，遴选出6～10次"重大强对流天气事件"。

5. 其他需要说明的问题

资料日界:08 时至次日 08 时(北京时间)

受部分天气现象取消人工观测业务等因素影响,2014 年及之后的冰雹统计数据的气候代表性和一致性存在一定的局限性。

目　　录

第 1 章

2020 年强对流天气统计特征综述

基于国家基准气候站、基本气象站和一般气象站观测资料，2020 年我国全年共计出现≥20 mm/h 短时强降水站日数为 7983 d，≥50 mm/h 短时强降水站日数为 490 d，超过 1981—2010 年 30 年气候平均态值（图 1.1a、图 1.1b），总发生频次处于历史高位。其中，全年最大小时强降水出现在 6 月 12 日贵州正安，降水强度为 163.3 mm/h。2020 年我国雷暴大风超过气候态平均值（图 1.1c），冰雹低于气候平均值（图 1.1d），最强雷暴大风出现在 5 月 17 日山东临沂，瞬时风速达 35 m/s。

此外，2020 年共记录收集到待确认的龙卷天气过程有 41 次，共 56 个龙卷信息。其中，在 9 次龙卷过程中，16 个龙卷经气象部门现场灾害调查确认：强龙卷 8 个、中等强度龙卷 5 个、弱龙卷 3 个，共造成 1 人死亡、61 人受伤。江苏高邮、苏州、连云港、盐城及湖北荆门、安徽宿州、

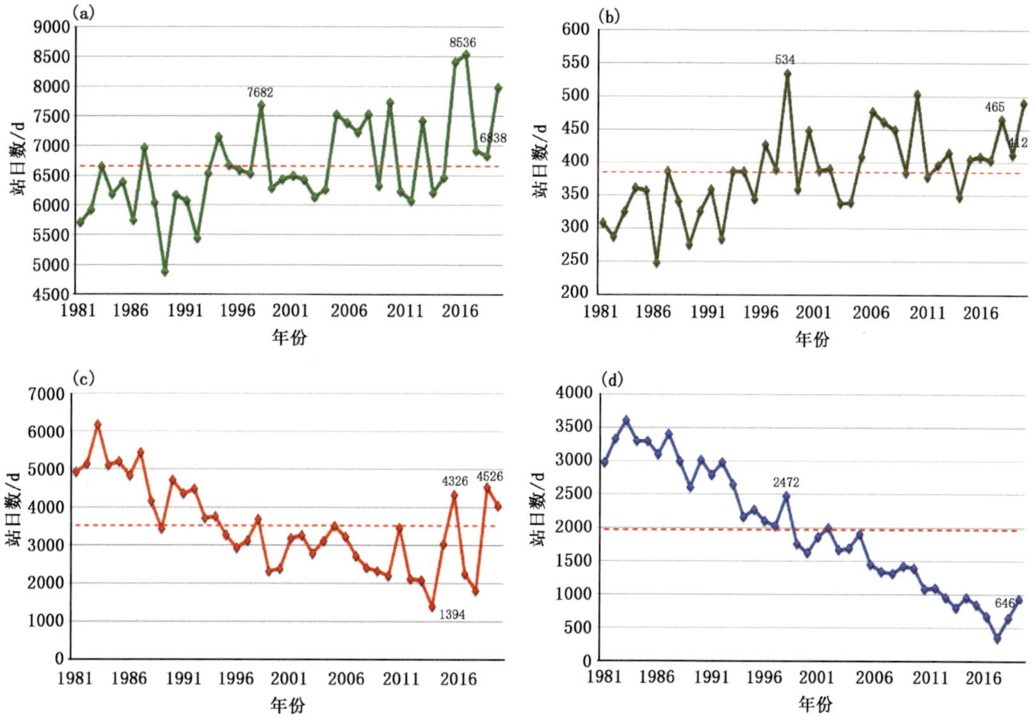

图 1.1　1981—2020 年全国分类强对流天气站日数年际变化

(a)≥20 mm/h 短时强降水；(b)≥50 mm/h 短时强降水；(c)≥17.2 m/s 雷暴大风；(d)冰雹

黑龙江绥化和内蒙古包头发生了强龙卷。

1.1 短时强降水时空分布特征

我国 2020 年≥20 mm/h 短时强降水站日数的空间分布特征与 1981—2010 年气候平均态相比，降水中心北抬，降水频次有所增加。其中华南北部和江南中北部发生频次明显偏多，华南南部短时强降水高频发生区域略偏少（图 1.2）。

如图 1.2b 所示，2020 年全国≥20 mm/h 短时强降水站日数总体呈现自东南向西北减少的特征。2020 年我国存在两个降水大值中心，它们位于华南地区，短时强降水的站日数一般为 6～15 d，广西河池等地最大达 27 d，海南保亭等地最大达 21 d，广西柳州等地最大达 20 d；另一个位于江淮南部和江南中北部，短时强降水的站日数一般为 4～15 d，安徽黄山最大达 17 d，安徽安庆和湖北麻城最大达 15 d。东北地区南部、华北东部、黄淮中东部等地站日数多可达 4～8 d，其中山东南部、江苏北部和东南部等部分地区达 9～10 d；黄淮中西部、华北中西部和东北地区站日数多为 1～4 d，其中辽宁庄河、普兰，河北顺平和易县等局地达 7 d；包括内蒙古在内的我国西部大部分地区短时强降水站日数较少，以 0～1 d 为主。

2020 年全国中东部大部地区都出现了≥50 mm/h 短时强降水（图略），站日数大于 3 d 的地区在华南相对集中；而西北地区大部、青藏高原、内蒙古、东北地区等地极少出现 50 mm/h 以上的短时强降水天气。

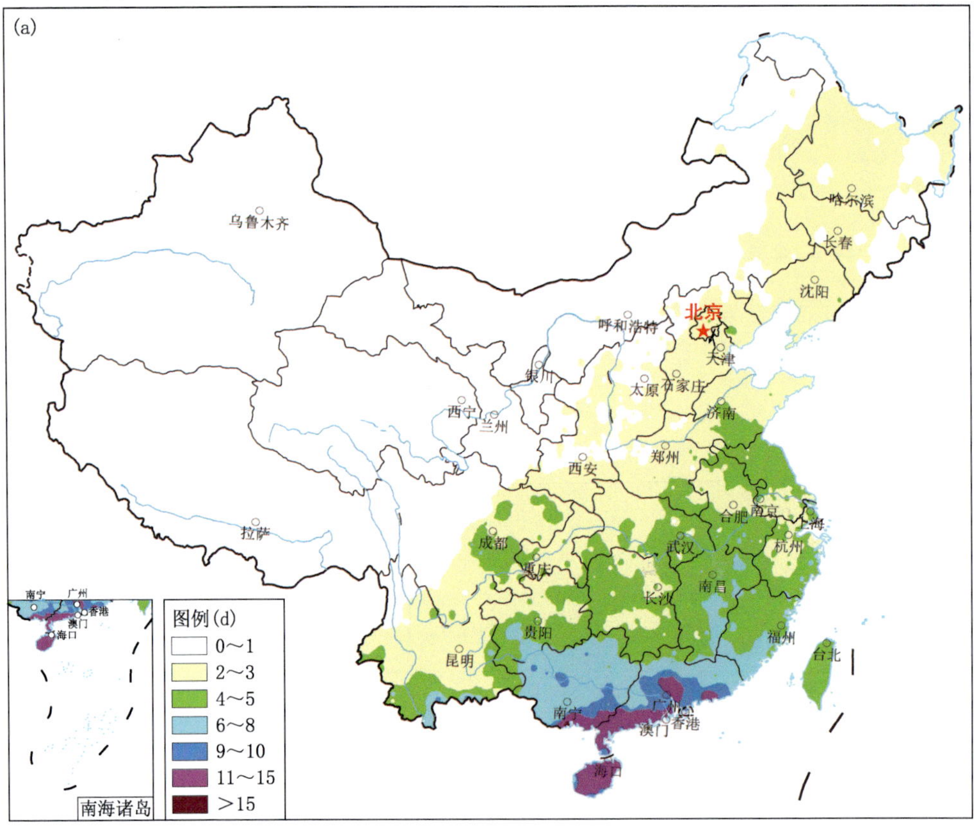

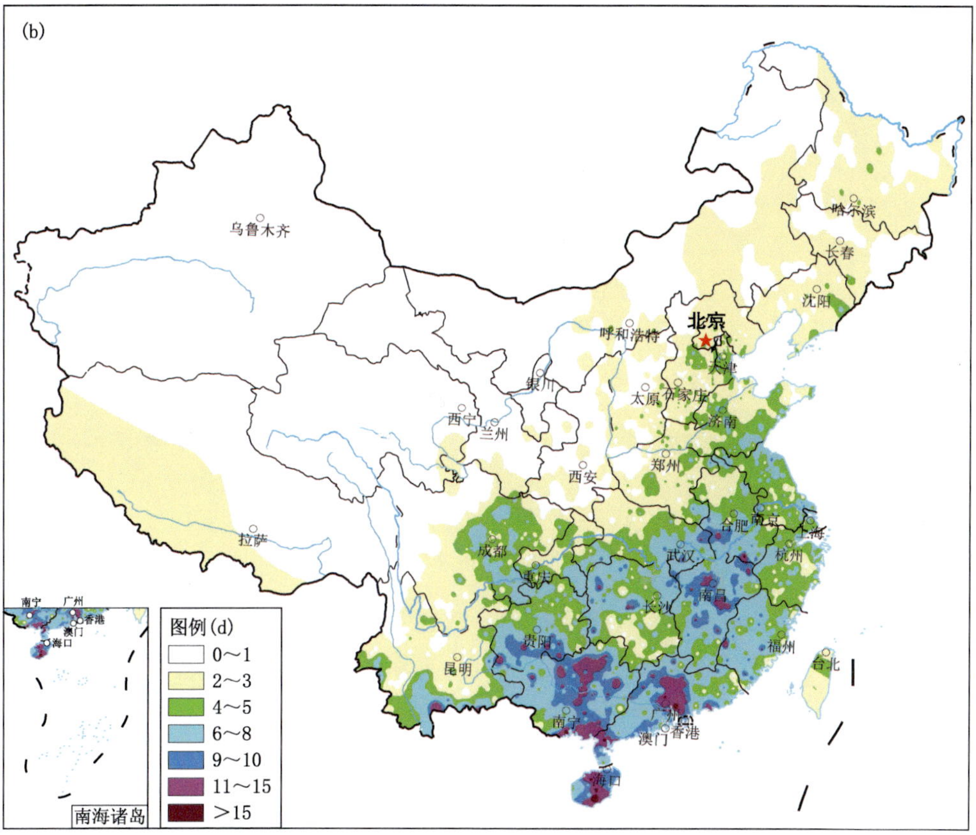

图 1.2　全国≥20 mm/h 短时强降水站日数分布
(a)1981—2010 年平均；(b)2020 年

季节对比分布图(图 1.3)显示，2020 年我国短时强降水站日数季节分布特征与气候态特征相似。2020 年，≥20 mm/h 和≥50 mm/h 的短时强降水均主要发生在夏季时段(6—8 月)，分别占全年短时强降水总站日数的 73%和 77%，春季略多于秋季，冬季基本无短时强降水天气。值得一提的是，2020 年短时强降水明显强于气候态水平，其中夏季≥50 mm/h 的短时强降水超过历史同期 29%。

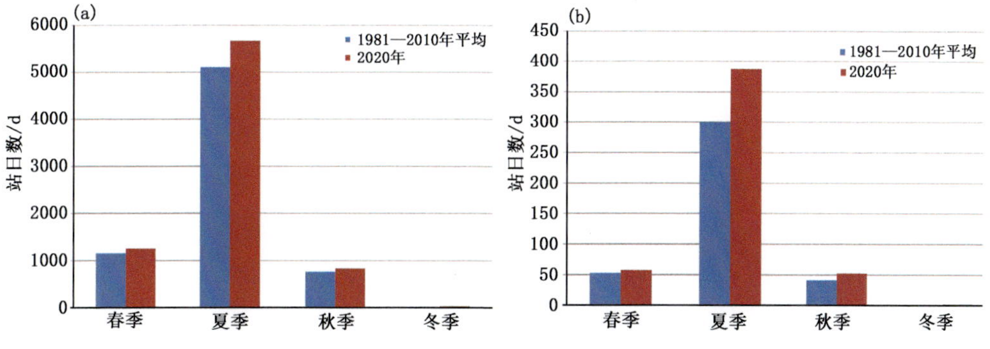

图 1.3　1981—2010 年平均与 2020 年强对流天气站日数季节分布
(a)≥20 mm/h 短时强降水；(b)≥50 mm/h 短时强降水

2020 年短时强降水站日数逐月分布(图 1.4)显示,1—4 月我国短时强降水频次较少,5 月起≥20 mm/h 短时强降水发生频次显著增加,并呈现逐月上升趋势,至 7—8 月(占全年 49%)达到峰值,之后经 9—10 月大幅下降后,11—12 月几乎不发生。≥50 mm/h 短时强降水变化趋势总体与 20 mm/h 的短时强降水一致。

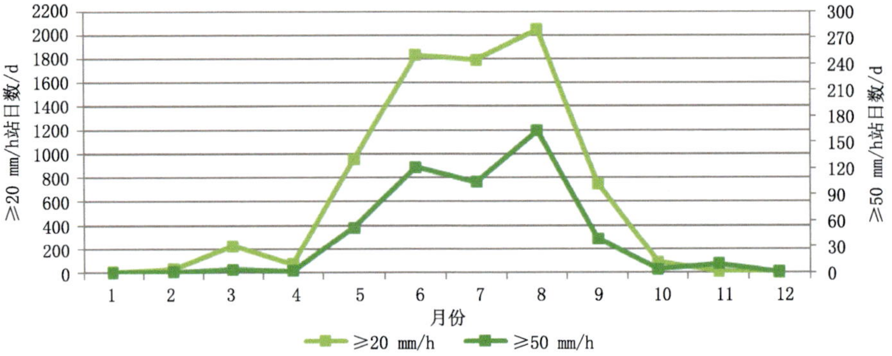

图 1.4　2020 年短时强降水站日数逐月分布

2020 年全国≥20 mm/h 的短时强降水站日数逐月分布如图 1.5 所示。1—2 月(图略),仅在广东等地有零星短时强降水;3 月,华南和江南等地短时强降水频次略增加;4 月与常年平均不同,除广东西南部、广西东南部及海南出现 2 d 的短时强降水外,全国大部都未出现短时强降水天气;5 月,华南、江南、西南地区东部、江淮南部、黄淮南部的短时强降水明显增加,其

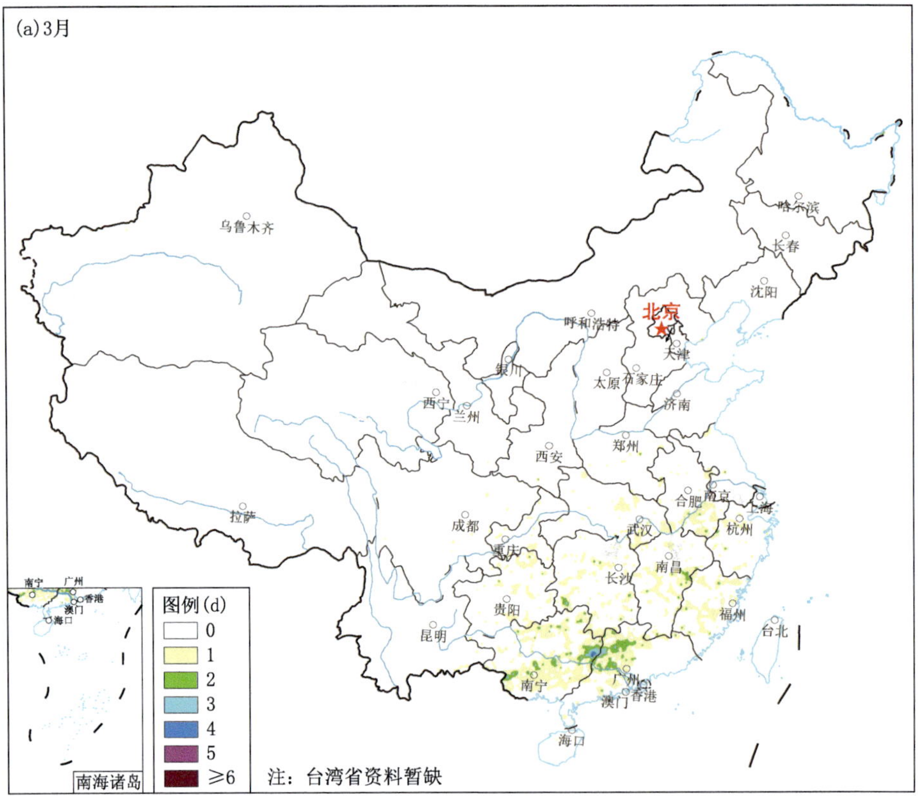

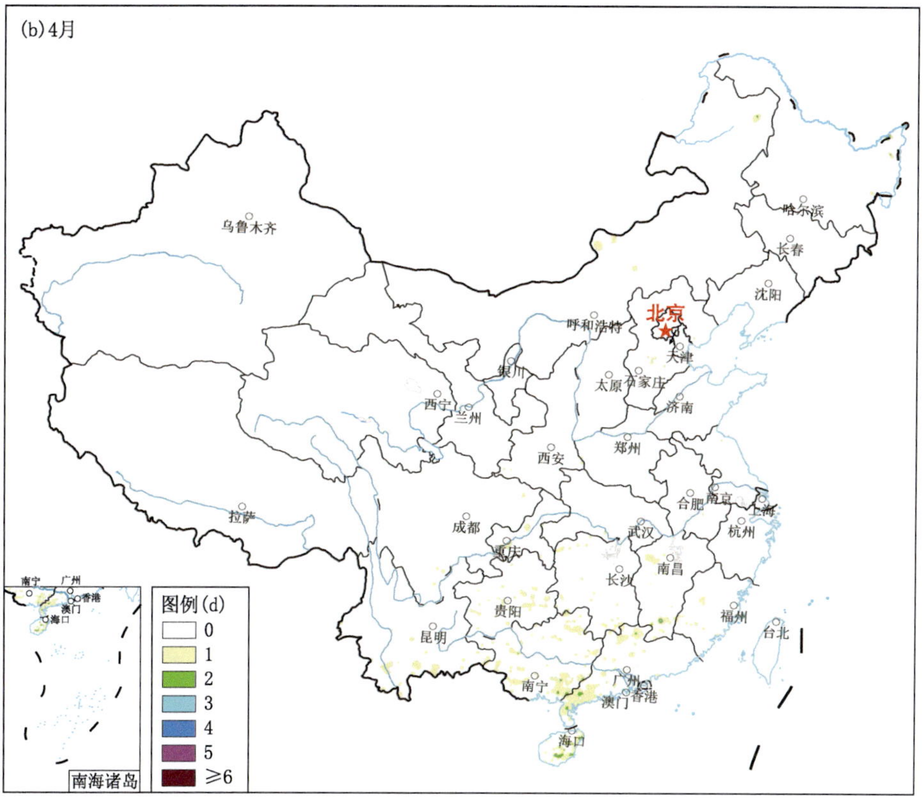
(b)4月
乌鲁木齐
哈尔滨
长春
沈阳
北京
呼和浩特
天津
银川
太原
石家庄
西宁
兰州
济南
郑州
西安
合肥
南京
上海
拉萨
成都
武汉
杭州
重庆
长沙
南昌
贵阳
福州
昆明
台北
南宁
广州
香港
澳门
海口
图例(d)
0
1
2
3
4
5
≥6
南海诸岛

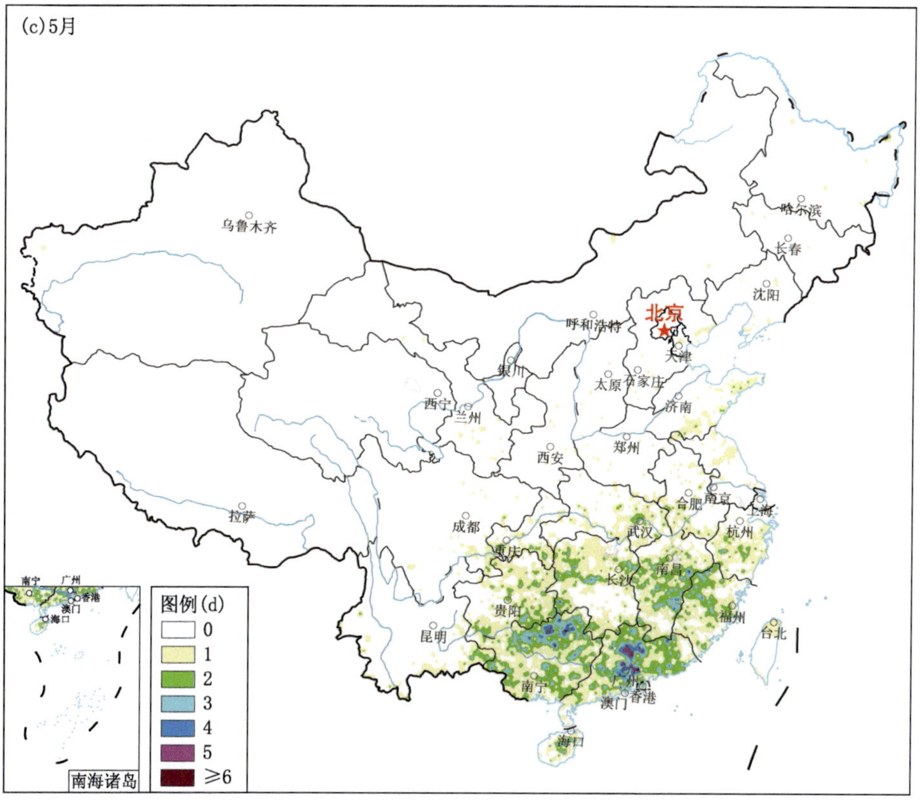
(c)5月
乌鲁木齐
哈尔滨
长春
沈阳
北京
呼和浩特
天津
银川
太原
石家庄
西宁
兰州
济南
郑州
西安
合肥
南京
上海
拉萨
成都
武汉
杭州
重庆
长沙
南昌
贵阳
福州
昆明
台北
南宁
广州
香港
澳门
海口
图例(d)
0
1
2
3
4
5
≥6
南海诸岛

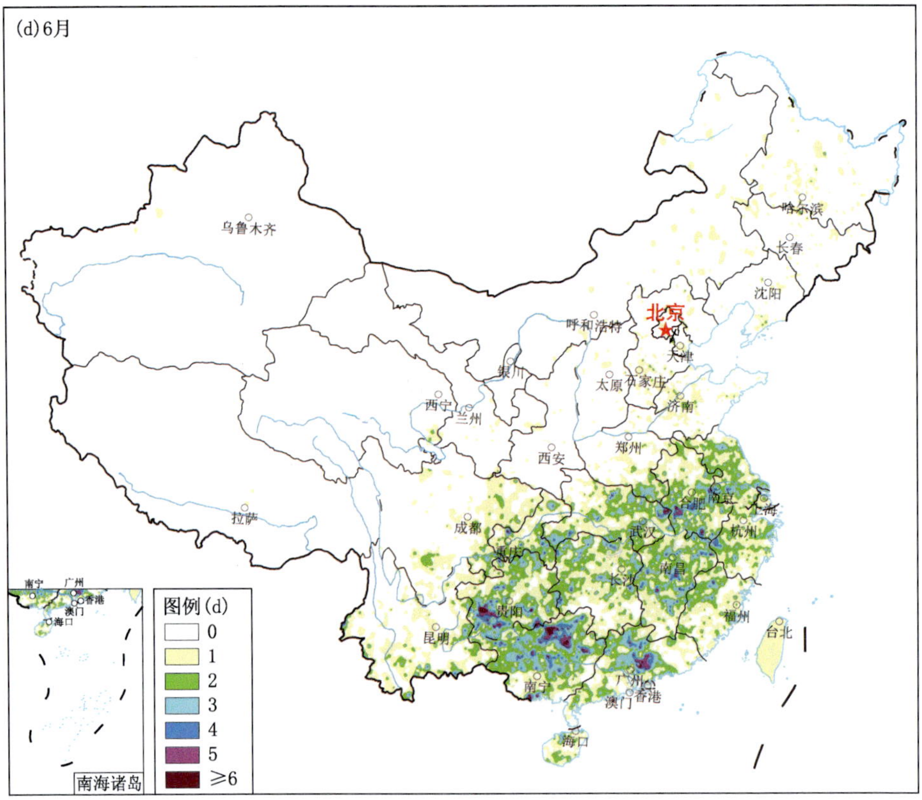
(d)6月
乌鲁木齐
哈尔滨
长春
沈阳
北京
呼和浩特
天津
银川
太原
石家庄
西宁
兰州
济南
郑州
西安
拉萨
成都
合肥
南京
上海
武汉
杭州
重庆
南昌
长沙
贵阳
福州
昆明
台北
南宁
广州
澳门
香港
海口
南海诸岛
图例(d)
0
1
2
3
4
5
≥6

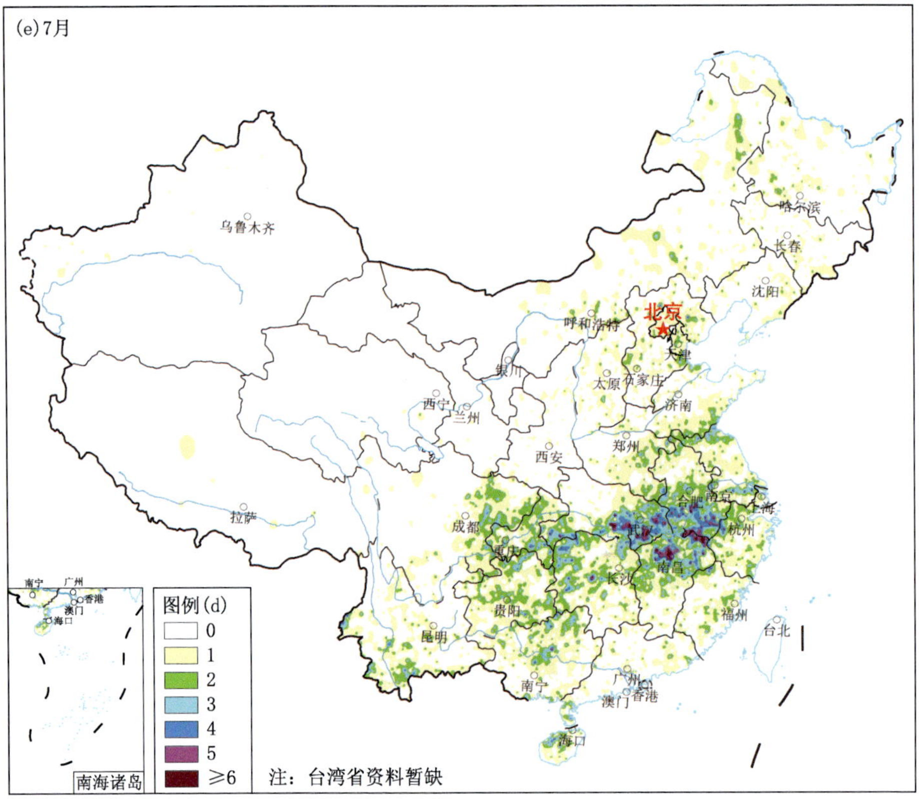
(e)7月
乌鲁木齐
哈尔滨
长春
沈阳
北京
呼和浩特
天津
银川
太原
石家庄
西宁
兰州
济南
郑州
西安
拉萨
成都
合肥
南京
上海
武汉
杭州
重庆
南昌
长沙
贵阳
福州
昆明
台北
南宁
广州
澳门
香港
海口
南海诸岛
图例(d)
0
1
2
3
4
5
≥6
注：台湾省资料暂缺

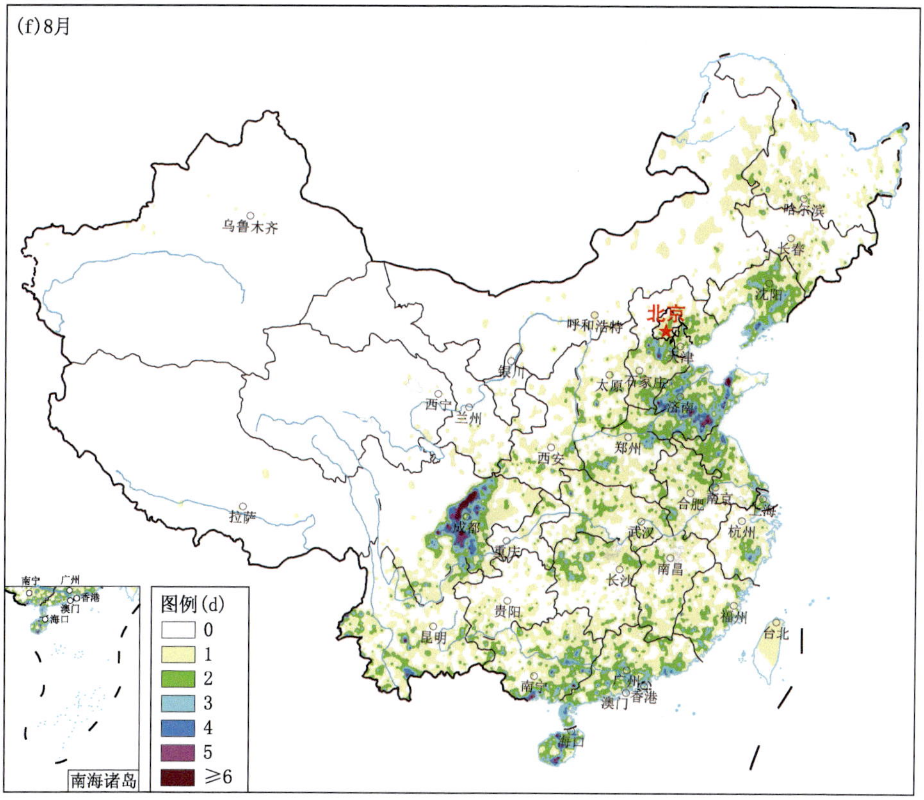
(f)8月
乌鲁木齐
哈尔滨
长春
沈阳
北京
呼和浩特
天津
银川
太原
石家庄
济南
西宁
兰州
郑州
西安
南京
合肥
上海
拉萨
成都
武汉
杭州
重庆
长沙
南昌
贵阳
福州
台北
昆明
南宁
广州
澳门
香港
海口
南海诸岛
图例(d)
0
1
2
3
4
5
≥6

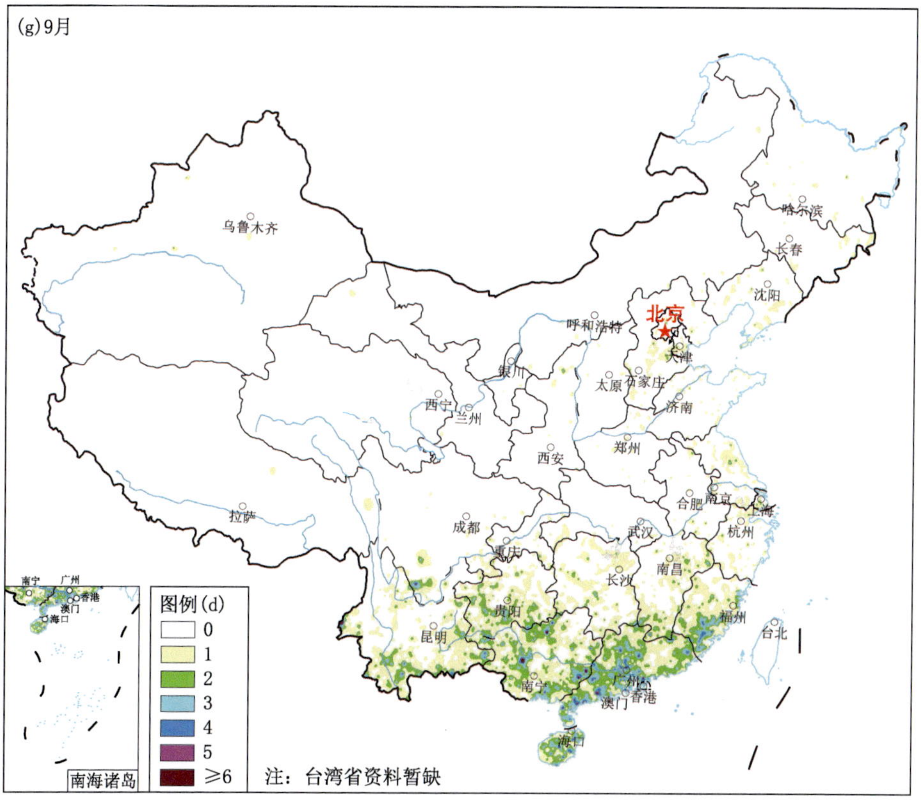
(g)9月
乌鲁木齐
哈尔滨
长春
沈阳
北京
呼和浩特
天津
银川
太原
石家庄
济南
西宁
兰州
郑州
西安
合肥
南京
上海
拉萨
成都
武汉
杭州
重庆
长沙
南昌
贵阳
福州
台北
昆明
南宁
广州
澳门
香港
海口
南海诸岛
图例(d)
0
1
2
3
4
5
≥6
注：台湾省资料暂缺

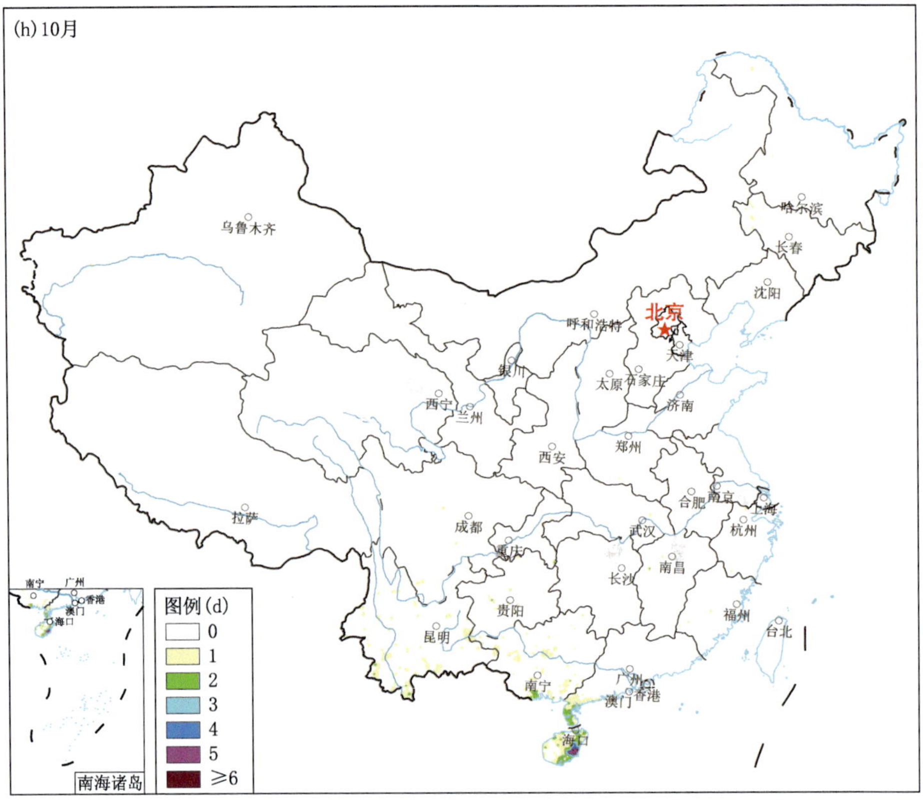

图 1.5　2020 年 3—10 月(a～h)全国≥20 mm/h 短时强降水站日数分布

中广东中部的短时强降水站日数超过 6 d；6 月，我国短时强降水范围持续向北向西扩展，除华南部分地区外，总体频次持续增加，江南以及西南地区东部出现短时强降水中心；7 月，短时强降水主要集中在长江中下游，同时华北、东北地区、内蒙古中东部以及西南地区东北部等地短时强降水频次显著增加；8 月，短时强降水频次高值区分布在华北中部、黄淮、华南以及四川盆地，而江南地区短时强降水日数显著下降；9 月，全国大部地区短时强降水频次显著下降，华南沿海部分地区为短时强降水相对高发地区；10 月，全国短时强降水频次继续减小，仅集中出现在西南地区南部、华南南部等地；11—12 月（图略），全国基本无短时强降水发生。

2020 年全国≥50 mm/h 的短时强降水站日数逐月分布（图略）显示，1—2 月全国基本无≥50 mm/h 的短时强降水发生；3 月，华南出现较大范围≥50 mm/h 的短时强降水，西南地区东北部、江南西部有零星发生；4 月，华南局地出现≥50 mm/h 的短时强降水；5 月，华南、江南、西南地区东部等地的 50 mm/h 的短时强降水频次明显增加；6 月，除华南、江南、西南地区中东部以外，黄淮、江淮、江汉等地也出现了≥50 mm/h 的短时强降水；7 月，降水中心北抬，华南降水强度减弱，广东国家级气象站点没有监测到≥50 mm/h 的短时强降水出现，西南地区东部、黄淮、江淮、江汉发生频次显著增加，华北、东北及四川盆地部分地区也出现≥50 mm/h 的短时强降水；8 月，江汉、江淮、江南、华南等地区略减少，尤其江南减少较明显，相对高频发生区位于四川盆地、黄淮及华北地区东部；9—10 月，全国大部显著减少，除华南、西南地区东部和江南西部及东部外，其他地区均较为稀少；11—12 月，全国基本无≥50 mm/h 以上的短时强降水。

1.2　雷暴大风时空分布特征

2020 年我国全年雷暴大风的站日数分布特征与 1981—2010 年气候平均态相比，总体呈现出影响范围广、南方地区频次偏多等特点（图 1.6）。我国大部分地区发生雷暴大风的站日数偏多，空间分布上除青藏高原东部、内蒙古中部、华北北部为明显高发地区之外，西南地区、江南以及东北地区也呈现出相对高发的特征。

2020 年我国全年雷暴大风站日数高频发生区域分别为内蒙古中部、青藏高原中东部、川西高原、西南地区南部和江南等地，多为 4～9 d，个别站点达 10～20 d；山西、河北、东北地区中北部、新疆西部多为 2～7 d，其中河北西北部和南部个别站点达 8～10 d；我国其余大部地区出现多为 1～3 d 的雷暴大风。

季节对比分布特征显示（图 1.7a），我国雷暴大风主要发生在春（3—5 月）、夏（6—8 月）两季，其中 2020 年春季雷暴大风发生总站日数达 1439 d，显著高于 1981—2010 年历史同期水平。

2020 年雷暴大风站日数的逐月分布（图 1.7b）显示，1—2 月我国雷暴大风频次较低，3 月起明显上升，4 月雷暴大风略有减少，5—8 月均为雷暴大风的高发月份，其中 5 月最强达 961 d，9 月起雷暴大风频次显著下降，至 10—12 月发生频次已很低。

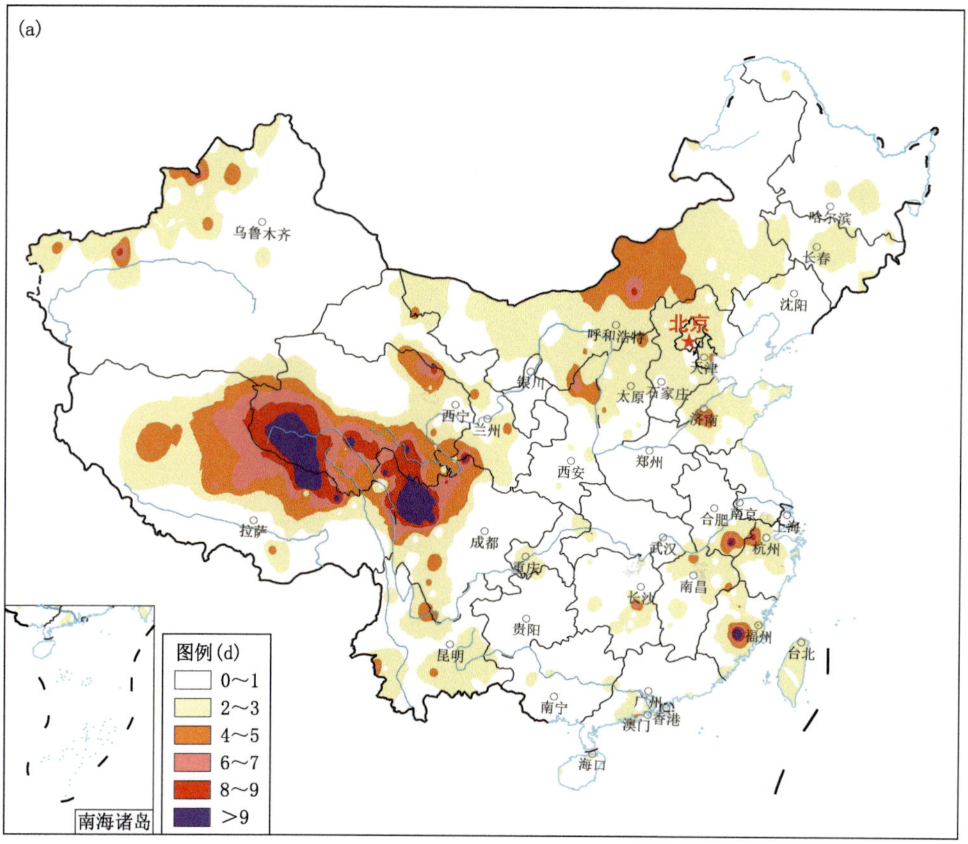

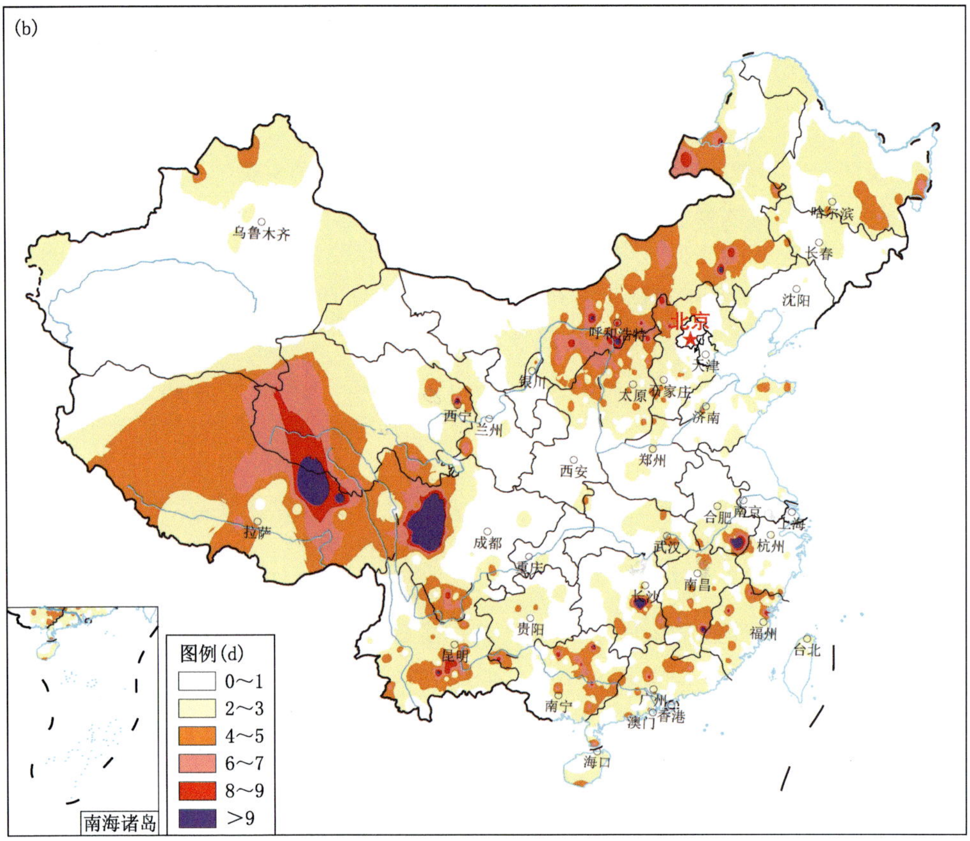

图 1.6　全国≥17.2 mm/h 雷暴大风站日数分布

(a)1981—2010 年平均；(b)2020 年

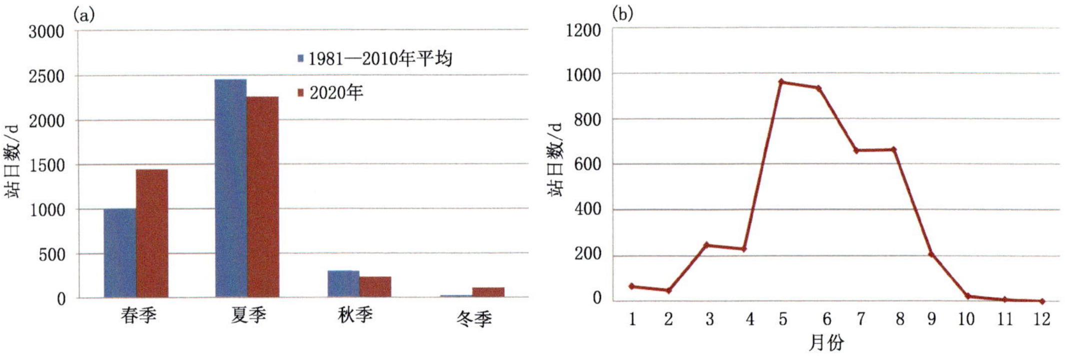

图 1.7　1981—2010 年平均与 2020 年雷暴大风站日数季节分布(a)和

2020 年雷暴大风站日数逐月分布(b)

2020 年雷暴大风发生日数逐月分布如图 1.8 所示。1 月(图略)，全国基本无雷暴大风天气出现；2 月(图略)，我国雷暴大风天气集中出现在云南、华中等地；3 月，我国雷暴大风发生区域逐步扩大，云南、内蒙古中部、江南等地都出现 1～3 d 的雷暴大风；4 月，雷暴大风高频发生区主要集中在云南和河北西北部等地；5 月，我国北方地区雷暴大风频次显著增加，高频发生

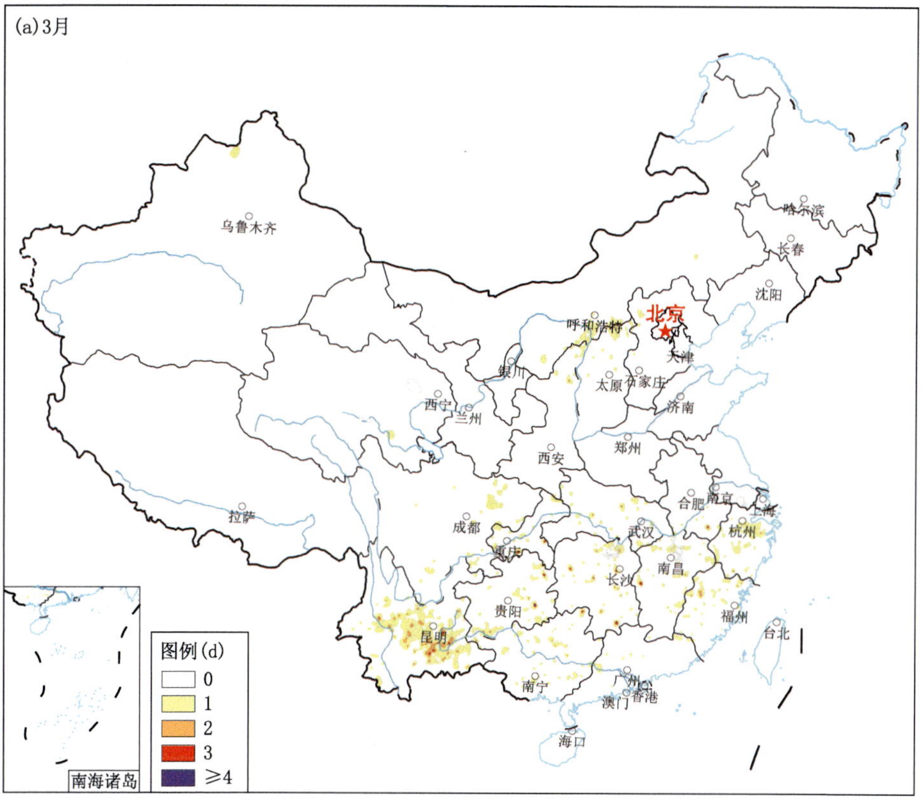
(a)3月
乌鲁木齐
哈尔滨
长春
沈阳
呼和浩特
北京
天津
银川
太原
石家庄
西宁
兰州
济南
郑州
西安
合肥
南京
上海
拉萨
成都
武汉
杭州
重庆
南昌
长沙
贵阳
福州
台北
昆明
南宁
广州
澳门
香港
海口
南海诸岛
图例(d)
0
1
2
3
≥4

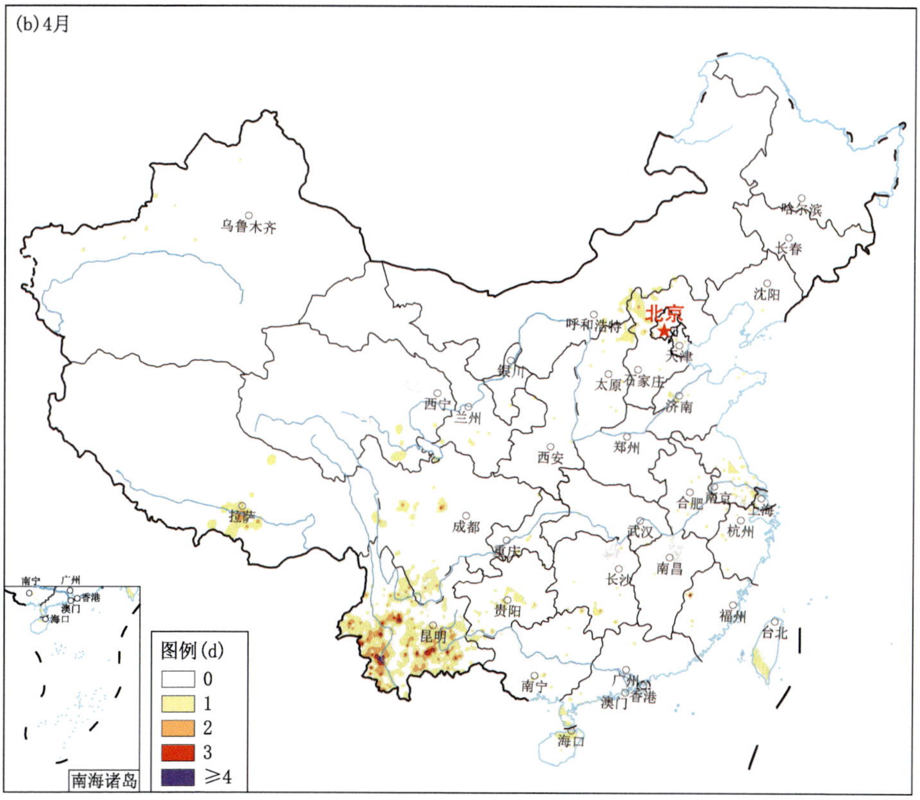
(b)4月
乌鲁木齐
哈尔滨
长春
沈阳
呼和浩特
北京
天津
银川
太原
石家庄
西宁
兰州
济南
郑州
西安
合肥
南京
上海
拉萨
成都
武汉
杭州
重庆
南昌
长沙
贵阳
福州
台北
昆明
南宁
广州
澳门
香港
海口
南海诸岛
图例(d)
0
1
2
3
≥4

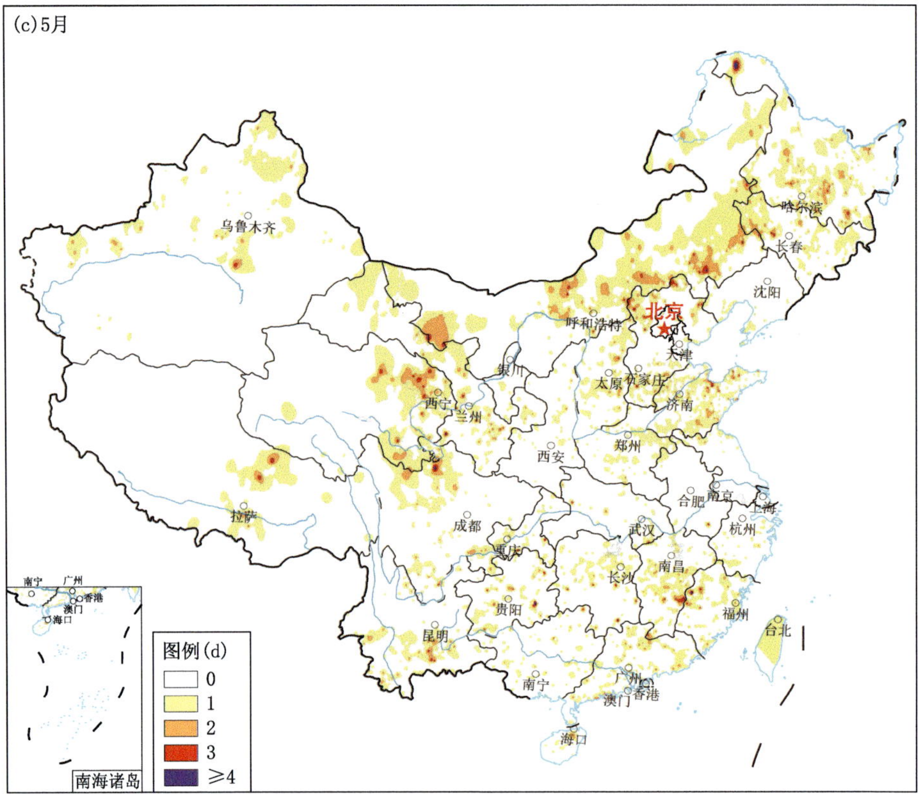
(c)5月
乌鲁木齐
哈尔滨
长春
沈阳
北京
呼和浩特
天津
银川
太原
石家庄
西宁
兰州
济南
西安
郑州
拉萨
合肥
南京
上海
成都
武汉
杭州
重庆
长沙
南昌
贵阳
福州
昆明
台北
南宁
广州
澳门
香港
海口
图例(d)
0
1
2
3
≥4
南海诸岛

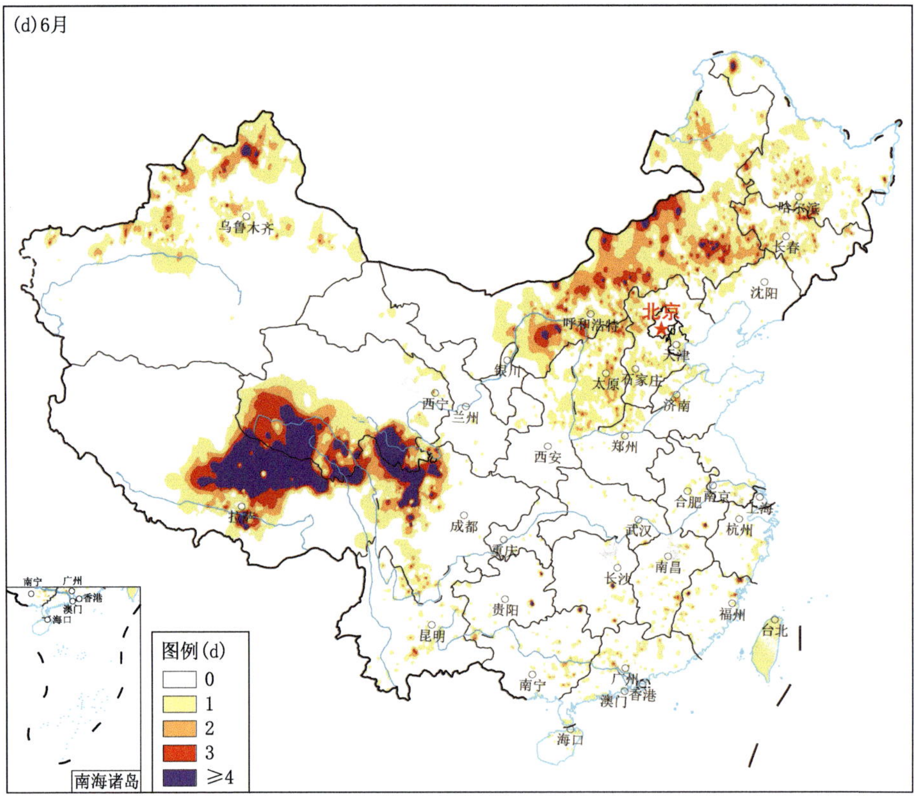
(d)6月
乌鲁木齐
哈尔滨
长春
沈阳
北京
呼和浩特
天津
银川
太原
石家庄
西宁
兰州
济南
西安
郑州
拉萨
合肥
南京
上海
成都
武汉
杭州
重庆
长沙
南昌
贵阳
福州
昆明
台北
南宁
广州
澳门
香港
海口
图例(d)
0
1
2
3
≥4
南海诸岛

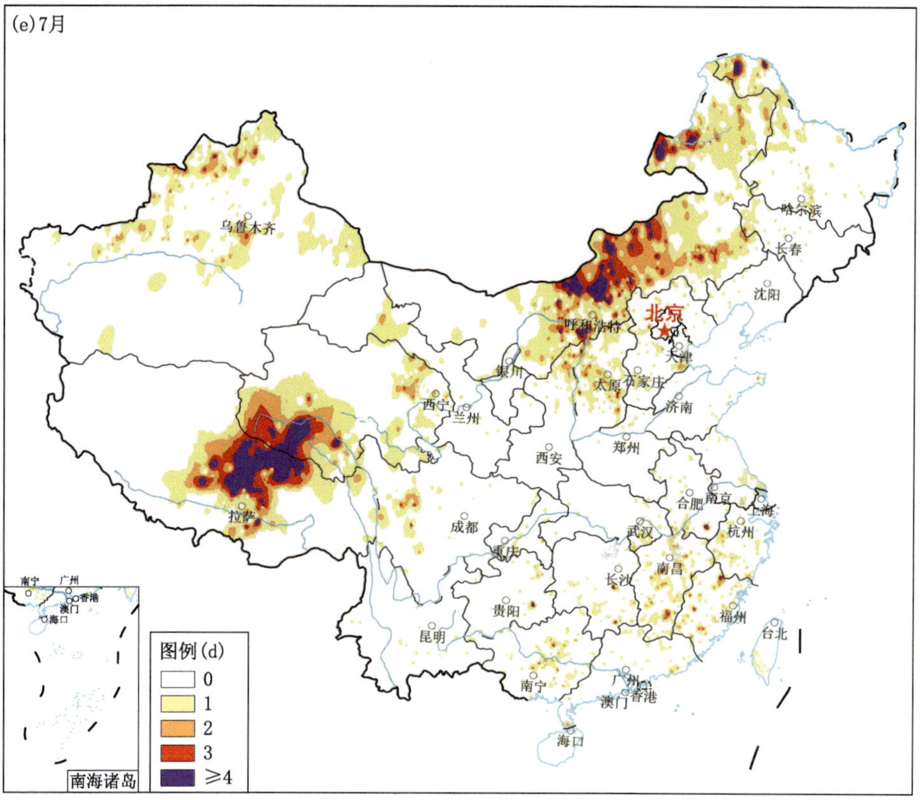
乌鲁木齐
哈尔滨
长春
沈阳
北京
呼和浩特
天津
银川
太原
石家庄
济南
西宁
兰州
郑州
西安
拉萨
合肥
南京
上海
成都
武汉
杭州
重庆
南昌
长沙
贵阳
福州
台北
昆明
南宁
广州
澳门
香港
海口
南海诸岛
图例(d)
0
1
2
3
≥4
(e)7月

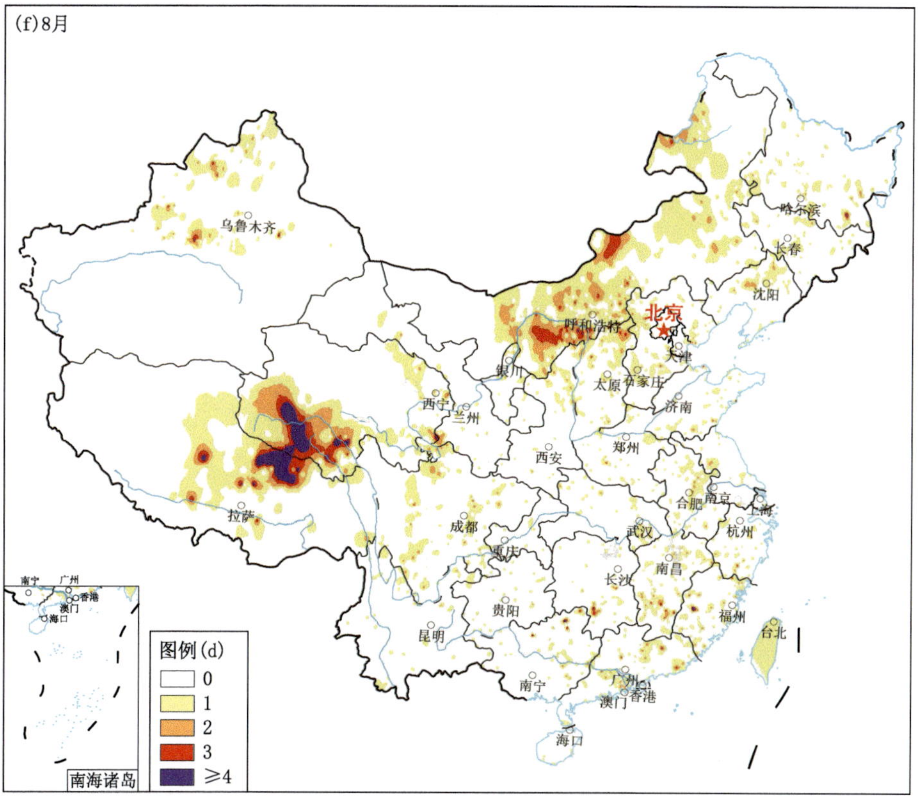
乌鲁木齐
哈尔滨
长春
沈阳
北京
呼和浩特
天津
银川
太原
石家庄
济南
西宁
兰州
郑州
西安
拉萨
合肥
南京
上海
成都
武汉
杭州
重庆
南昌
长沙
贵阳
福州
台北
昆明
南宁
广州
澳门
香港
海口
南海诸岛
图例(d)
0
1
2
3
≥4
(f)8月

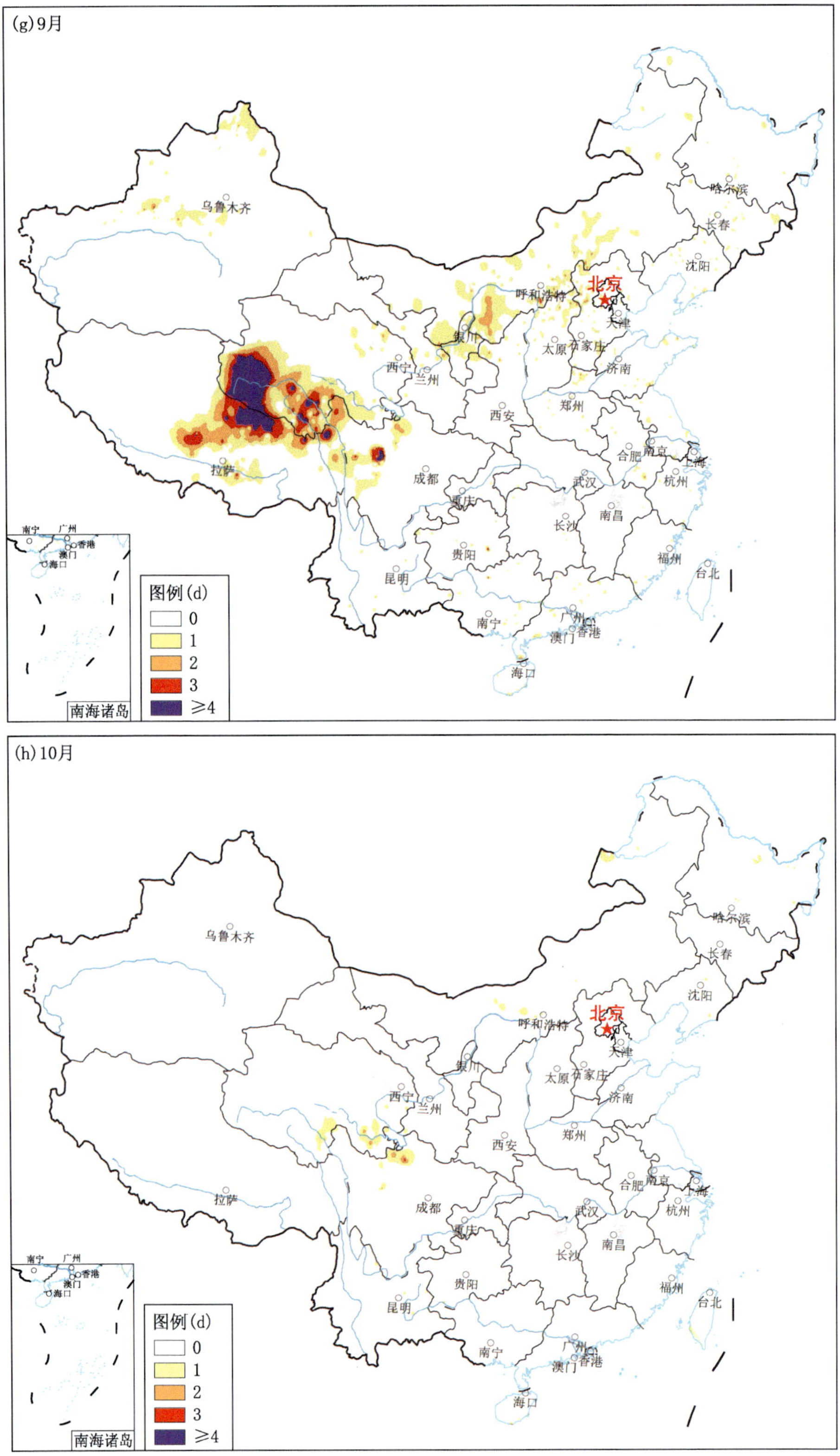

图 1.8　2020 年 3—10 月(a～h)全国≥17.2 mm/h 雷暴大风站日数分布

区集中在内蒙古、华北北部、黄淮、西北地区和东北地区等地，南方大部地区雷暴大风频次明显减少；6 月起，全国范围雷暴大风发生的范围和频次总体上均有所增加。6—8 月雷暴大风在北方的高频发生区主要集中在内蒙古中东部、华北、东北地区中西部以及新疆北部等地，南方雷暴大风高频发生区集中在江南中东部以及青藏高原东部和川西高原等地。其中在 7 月，江南地区中东部的雷暴大风也呈现相对频发特征；进入 9 月，全国大部分地区雷暴大风均显著减少，仅青藏高原东部仍有发生；10 月，除青海东部外，全国大部分地区雷暴大风已较为稀少；11—12 月（图略），全国基本无雷暴大风天气出现。

1.3　冰雹时空分布特征

受人工观测业务变化等影响，有记录的 2020 年我国冰雹发生的总站日数明显低于 1981—2010 年平均值。

季节分布对比（图 1.9a）显示，我国的冰雹主要出现在春季和夏季。2020 年冰雹站日数的逐月分布（图 1.9b）显示，1—3 月冰雹频次逐月上升，4 月显著减小，5—8 月全国冰雹天气发生频次均明显高于 3 月，9 月冰雹天气发生频次显著降低，10 月之后观测到仅有零星冰雹。

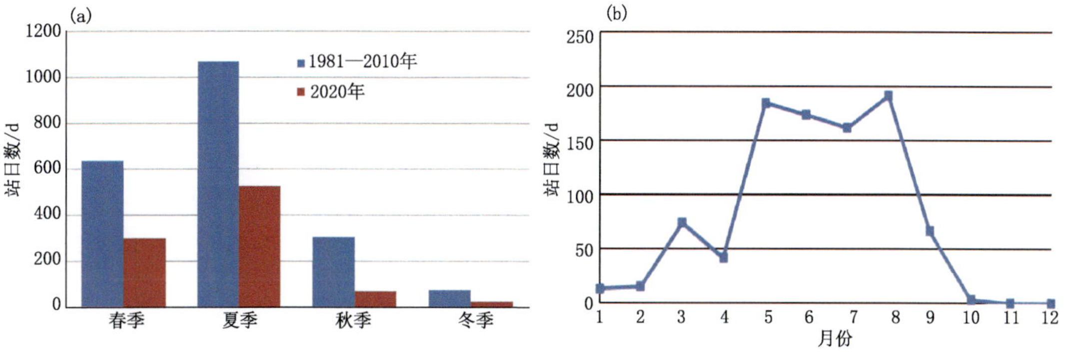

图 1.9　1981—2010 年平均与 2020 年冰雹天气站日数季节分布(a)和 2020 年冰雹天气站日数逐月分布(b)

2020 年冰雹发生日数的逐月分布（图略）显示，1 月，西南地区东部、华南西部局地出现冰雹天气；2 月，西南地区东部、江南和华南地区零星出现；3 月，西南地区、江南、华南、江淮地区的冰雹频次显著上升，范围扩大，黄淮地区零星发生；4 月，冰雹主要出现南北两个区域：北方发生区域主要位于华北地区东南部，南方主要位于江南中南部、华南西部、西南地区东南部，频次较 3 月有所降低；5 月，除江淮外，全国中东部大部地区均出现冰雹天气，频次一般为 1～2 d；6 月，全国冰雹天气相对集中在四个区域，华北和黄淮北部、江淮、江南南部和华南、东北地区中部，大部地区频次为 1～2 d；7—8 月，全国冰雹天气分布在我国中东部大部地区；9 月起，全国大部分地区冰雹明显减少，主要出现在华北和东南沿海各省。10—12 月，全国基本没有冰雹天气出现。

1.4 龙卷发生特征

2020 年，在 9 次龙卷过程中，经气象部门现场灾害调查确认有 16 个龙卷。这些龙卷含强龙卷 8 个、中等强度龙卷 5 个、弱龙卷 3 个（表 1.1），共造成 1 人死亡、62 人受伤。2020 年我国中等强度或以上龙卷共 13 个，与 2004—2013 年平均数[①]（14.3 个）相当，但全年记录到共计 8 个强龙卷，比 1961—2010 年平均强龙卷或超强龙卷平均数[②]（3.3 个）显著偏多。

龙卷发生时间集中在 5—9 月，其中 7 月最多，有 9 个龙卷生成，约占总数的 56%。共有 12 个省（市）出现龙卷，江苏龙卷最多，有 6 个；其次是广东和上海，各有 3 个。其中，江苏高邮、苏州、连云港、盐城、湖北荆门、安徽宿州、黑龙江绥化和内蒙古包头发生了强龙卷（图 1.10）。

表 1.1 2020 年中国龙卷过程及灾情

序号	日期	时间	地点	强度	信息来源	人员伤亡统计
1	5 月 18 日	14 时 06—07 分	广东省江门市	弱龙卷	现场调查	无
2	5 月 31 日	18 时 59 分—19 时 01 分	广东省佛山市	中等强度龙卷	现场调查	无
3	6 月 1 日	10 时 50—56 分	广东省江门市	中等强度龙卷	现场调查	无
4	6 月 12 日	13 时 49 分—14 时 00 分	江苏省扬州市高邮市	强龙卷	现场调查	0 死 4 伤
5	6 月 27 日	19 时前后	湖北省荆门市	强龙卷	现场调查	无
6	7 月 6 日	09 时 10 分前后	江苏省苏州市昆山市	弱龙卷	现场调查	\
7		09 时 45 分—10 时 00 分	江苏省苏州市	强龙卷	现场调查	无
8		10 时 26—32 分	上海市崇明区	中等强度龙卷	现场调查	\
9		10 时 38—46 分	上海市崇明区	中等强度龙卷	现场调查	0 死 1 伤
10		10 时 40—50 分	上海市崇明区	弱龙卷	现场调查	\
11	7 月 22 日	17 时 50 分—18 时 59 分	安徽省宿州市	强龙卷	现场调查	1 死 0 伤
12		21 时 48 分前后	江苏省宿迁市	中等强度龙卷	现场调查	\
13		22 时前后	江苏省连云港市	强龙卷	现场调查	\
14		22 时 40 分前后	江苏省盐城市	强龙卷	现场调查	0 死 21 伤
15	8 月 9 日	11 时 47 分—12 时 09 分	黑龙江省绥化市	强龙卷	现场调查	无
16		15 时 33—43 分	内蒙古自治区包头市	强龙卷	现场调查	0 死 33 伤

① 蔡康龙，黄先香，李彩玲，等，2021. 2020 年中国龙卷过程及灾情特征. 气象科技进展，11(1)：40-45，53.

② 范雯杰，俞小鼎，2015. 中国龙卷的时空分布特征. 气象，41(7)：793-805.

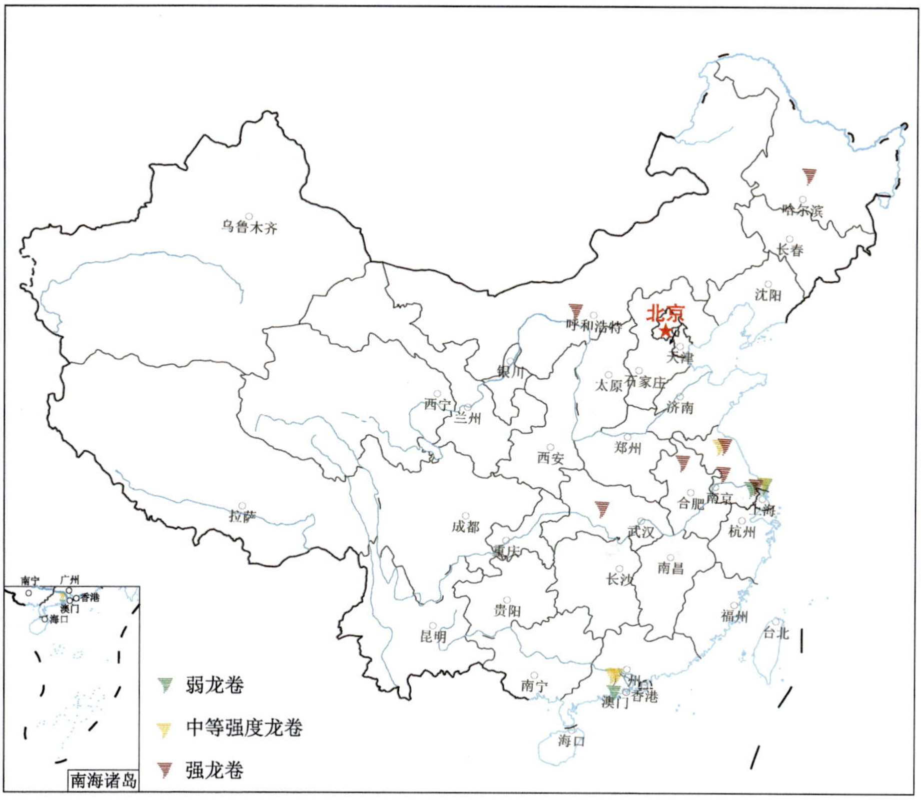

图 1.10　2020 年龙卷分布

第 2 章 2020 年主要强对流天气过程

本章对 2020 年 41 次主要强对流天气过程的基本天气形势、强对流实况进行简要表述，并给出各次过程的强对流天气实况。

2.1 主要强对流天气过程综述

2020 年我国共发生 41 次主要强对流天气过程。其中，首次主要强对流天气过程发生在 2 月 13—15 日，在华南、江南、西南地区东北部出现区域性短时强降水，并伴随雷暴大风和冰雹天气，时间上较常年偏早 14～19 d；影响我国北方地区的第一次主要强对流天气为 5 月 10 日吉林、黑龙江、内蒙古等地的风雹过程；我国最晚的主要强对流天气过程发生在 9 月 5—7 日，广西、广东、贵州等地出现短时强降水和雷暴大风天气。

从天气类型、时间分布、影响区域等方面，将全年 41 次主要强对流天气过程统计特征归纳如下。

由天气类型统计信息表明，2020 年我国 41 次主要强对流天气过程中，有 11 次为短时强降水、雷暴大风、冰雹混合型强对流天气过程，11 次以雷暴大风和（或）冰雹为主，19 次以短时强降水为主。

由逐月分布统计信息表明，夏季是 2020 年强对流过程的高发季节，6—8 月共计发生 30 次主要强对流天气过程，约占全年的 73%。全年中，6 月发生的主要强对流天气过程次数最多，达 13 次，其次为 8 月，共计发生 9 次。此外，6 月也是 2020 年强对流天气过程影响范围最广的月份。

由受影响省（区、市）统计信息表明，受影响最多的省份为贵州、湖南、江西，分别受到 16 次、15 次、14 次过程影响；其次是河北，出现 13 次过程。

2.2 主要强对流天气过程简介

第 1 次主要强对流天气：2 月 13 日 17 时—15 日 08 时

2 月 13—15 日，高空槽东移，配合低层切变线和低空急流共同影响江南南部及华南地区。分散性的对流在广西触发后发展加强，东移影响广东。

地面站观测显示，西南地区东部、华南等地出现较大范围短时强降水，局地雨强超过

50 mm/h，湖南南部及广西等地出现雷暴大风，局地风力达 9 级以上，广西、广东局地出现冰雹（表 2.1、图 2.1）。

表 2.1　2 月 13 日 17 时—15 日 08 时过程强对流天气实况

最强对流天气实况					
短时强降水			雷暴大风		
位置	雨强/(mm/h)	时间	位置	风速/(m/s)	时间
广西梧州	56.4	2 月 13 日 23 时	湖南娄底	27	2 月 15 日 06 时
广西南宁	54.0	2 月 14 日 03 时	湖南衡山	26	2 月 15 日 06 时
广西来宾	49.6	2 月 15 日 01 时	广西平乐	24	2 月 15 日 00 时

分省强对流实况统计/站次						
省份	短时强降水			雷暴大风		冰雹
	⩾20 mm/h	⩾50 mm/h	⩾80 mm/h	⩾8 级	⩾10 级	
广西	102	2	0	11	0	3
广东	30	0	0	3	0	3
湖南	14	0	0	24	2	0
福建	6	0	0	0	0	1
贵州	4	0	0	4	0	0

注：表中标注为红色的省（区、市）为达到“主要强对流天气过程”选录标准的关键省（区、市），下同。站点位置按照强对流天气的强度排序，省份按照强对流日的强对流天气占比排序，下同。

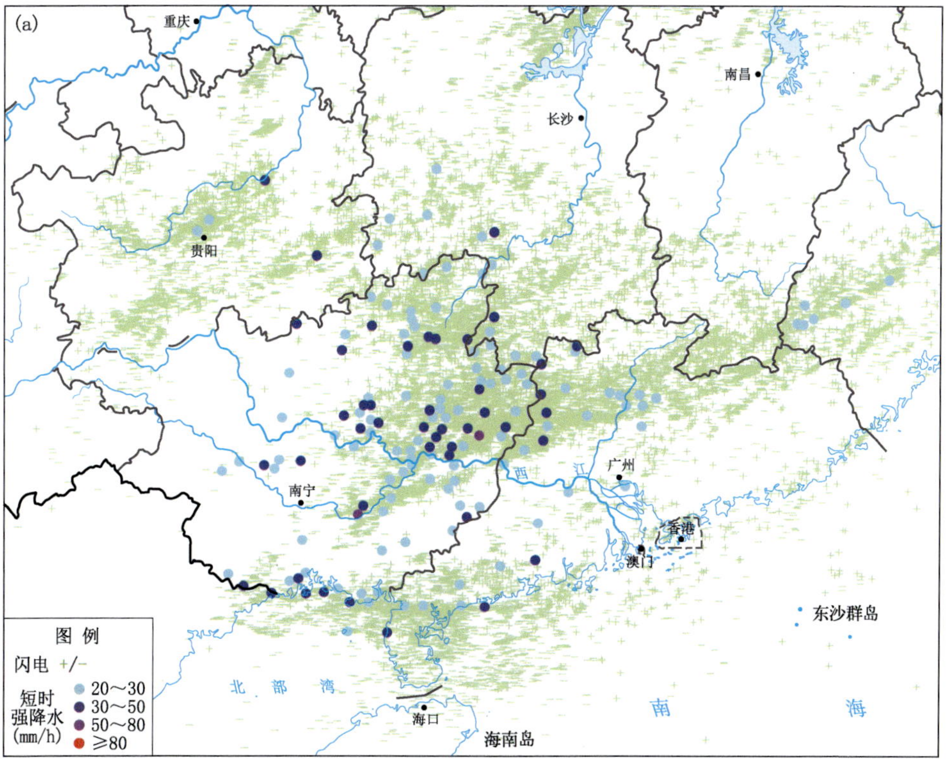

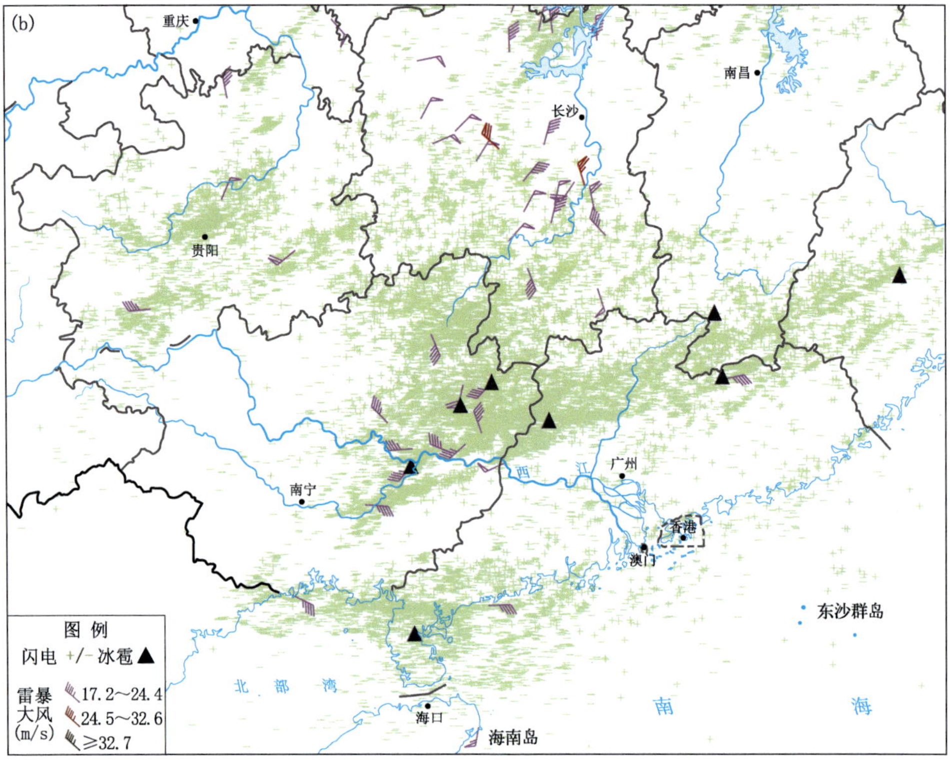

图 2.1　2 月 13 日 17 时—15 日 08 时过程强对流天气实况
(a)闪电和短时强降水；(b)闪电、冰雹和雷暴大风

第 2 次主要强对流天气：3 月 26 日 20 时—28 日 02 时

3 月 26—28 日，500 hPa 西风槽东移，配合低层切变线和低空急流共同影响西南地区东部、江南及华南地区。对流活动在西南地区东部、江南地区和华南北部等地触发，其中，影响江南和华南的对流在不断南压过程中发展为线状对流系统。

地面站观测显示，西南地区东部、江南、华南等地出现较大范围短时强降水，广东局地雨强超过 70 mm/h，广东中西部、湖南西北部等地出现冰雹（表 2.2、图 2.2）。

表 2.2　3 月 26 日 20 时—28 日 02 时过程强对流天气实况

最强对流天气实况					
短时强降水			雷暴大风		
位置	雨强/(mm/h)	时间	位置	风速/(m/s)	时间
广东鹤山	70.4	3 月 27 日 22 时	广西柳城	27	3 月 27 日 18 时
广东开平	67.0	3 月 27 日 23 时	贵州铜仁	24	3 月 27 日 07 时
湖南怀化	63.1	3 月 27 日 01 时	重庆黔江	24	3 月 27 日 08 时

续表

分省强对流实况统计/站次						
省份	短时强降水			雷暴大风		冰雹
	≥20 mm/h	≥50 mm/h	≥80 mm/h	≥8 级	≥10 级	
广东	84	4	0	8	0	3
湖南	44	2	0	21	0	3
福建	30	0	0	7	0	1
江西	33	0	0	2	0	0
广西	34	3	0	8	1	1
贵州	27	1	0	8	0	1
重庆	18	3	0	17	0	1
四川	7	0	0	22	0	3

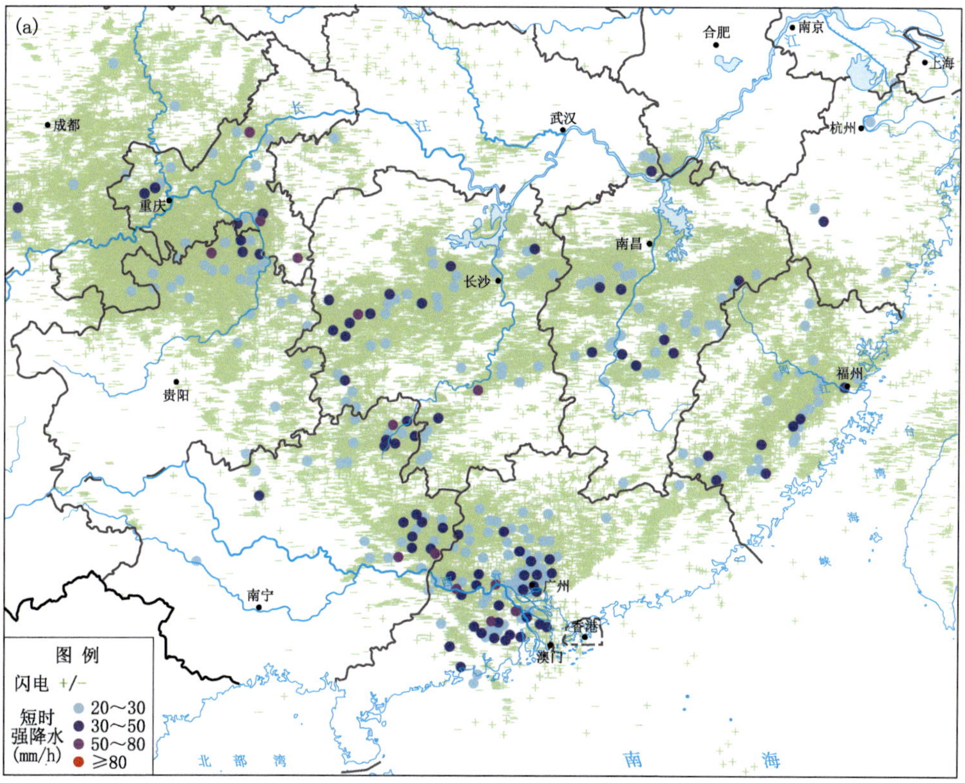

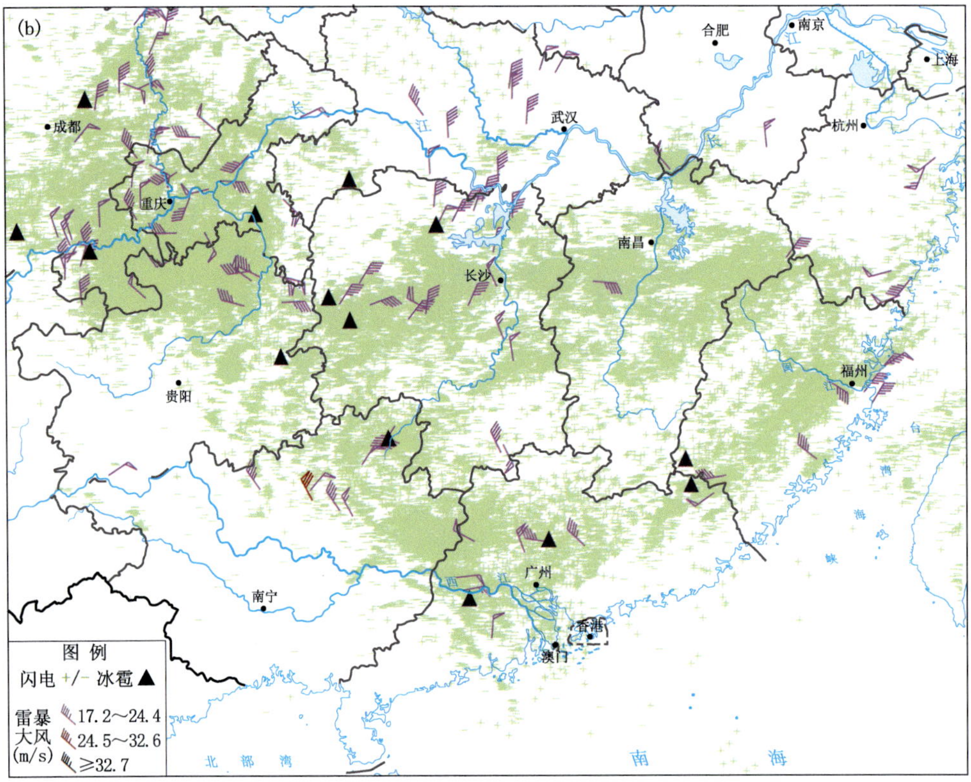

图 2.2 3 月 26 日 20 时—28 日 02 时过程强对流天气实况
(a)闪电和短时强降水；(b)闪电、冰雹和雷暴大风

第 3 次主要强对流天气：4 月 12 日 14—23 时

4 月 12 日，受高空冷涡和横槽共同影响，冷涡在海上东移南压，引导冷空气自北向南经黄淮等地影响江淮东部。对流活动在江苏北部触发并在冷空气影响下向东南方向移动。

地面站观测显示，黄淮、江淮东部等地出现大范围雷暴大风天气，多地风力达 9 级以上（表 2.3、图 2.3）。

表 2.3 4 月 12 日 14—23 时过程强对流天气实况

最强对流天气实况					
短时强降水			雷暴大风		
位置	雨强/(mm/h)	时间	位置	风速/(m/s)	时间
/	/	/	浙江嵊泗	27	4 月 12 日 20 时
/	/	/	江苏宝应	24	4 月 12 日 15 时
/	/	/	江苏如东	23	4 月 12 日 18 时

续表

分省强对流实况统计/站次						
省份	短时强降水			雷暴大风		冰雹
	≥20 mm/h	≥50 mm/h	≥80 mm/h	≥8 级	≥10 级	
江苏	0	0	0	33	0	0
上海	0	0	0	9	0	0
浙江	0	0	0	3	1	0
安徽	0	0	0	1	0	0

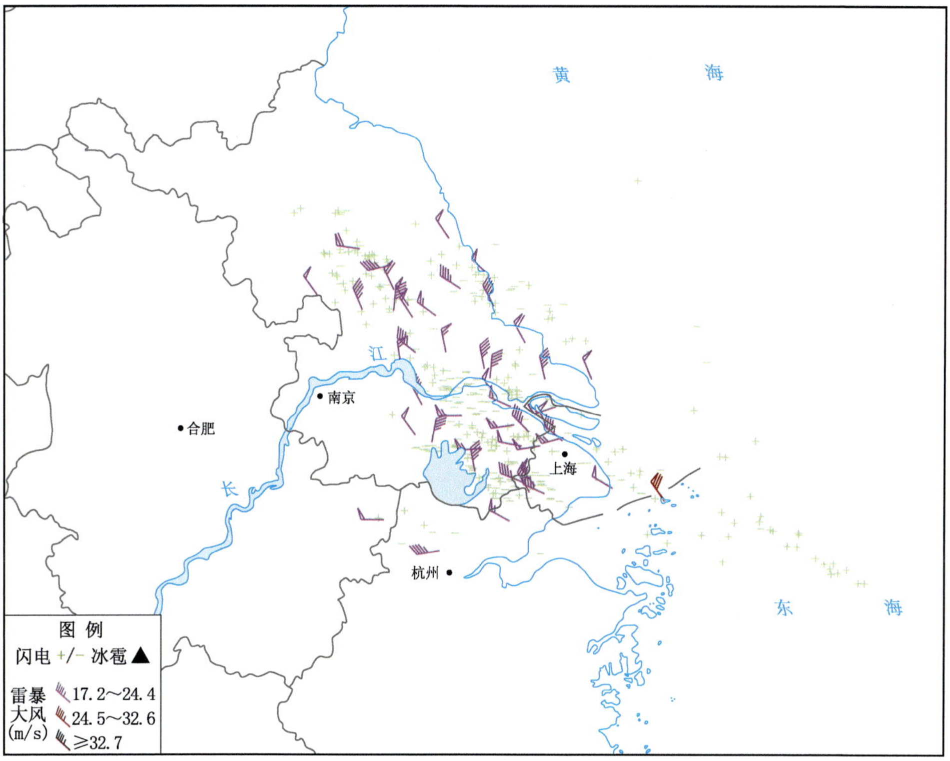

图 2.3　4 月 12 日 14—23 时过程强对流天气实况闪电、冰雹和雷暴大风

第 4 次主要强对流天气:5 月 4 日 14 时—7 日 02 时

5 月 4—7 日,500 hPa 高空槽东移,配合低涡和地面气旋的形成和发展,共同影响江淮、江南等地。对流活动在重庆触发后,向东或向南发展为多条线状对流或飑线。

地面站观测显示,江淮、江南等地出现大范围雷暴大风和短时强降水天气,局地雷暴大风风力达到 11 级以上,多站次小时雨量超过 50 mm,局地小时雨量超过 80 mm,福建、湖南等地出现冰雹(表 2.4、图 2.4)。

表 2.4　5 月 4 日 14 时—7 日 02 时过程强对流天气实况

最强对流天气实况					
短时强降水			雷暴大风		
位置	雨强/(mm/h)	时间	位置	风速/(m/s)	时间
江西宜春	123.3	5 月 6 日 13 时	重庆睦和	33	5 月 4 日 16 时
湖南沅陵	67.1	5 月 6 日 7 时	江西萍乡	32	5 月 5 日 03 时
福建三明	66.2	5 月 6 日 22 时	湖南涟源	32	5 月 5 日 00 时

分省强对流实况统计/站次						
省份	短时强降水			雷暴大风		冰雹
	≥20 mm/h	≥50 mm/h	≥80 mm/h	≥8 级	≥10 级	
湖南	111	7	0	70	8	5
江西	104	4	1	74	7	5
福建	65	4	0	31	1	11
湖北	48	0	0	22	2	2
重庆	25	1	0	28	3	2
四川	12	1	0	22	2	5
贵州	16	0	0	19	3	0
甘肃	12	0	0	17	0	1

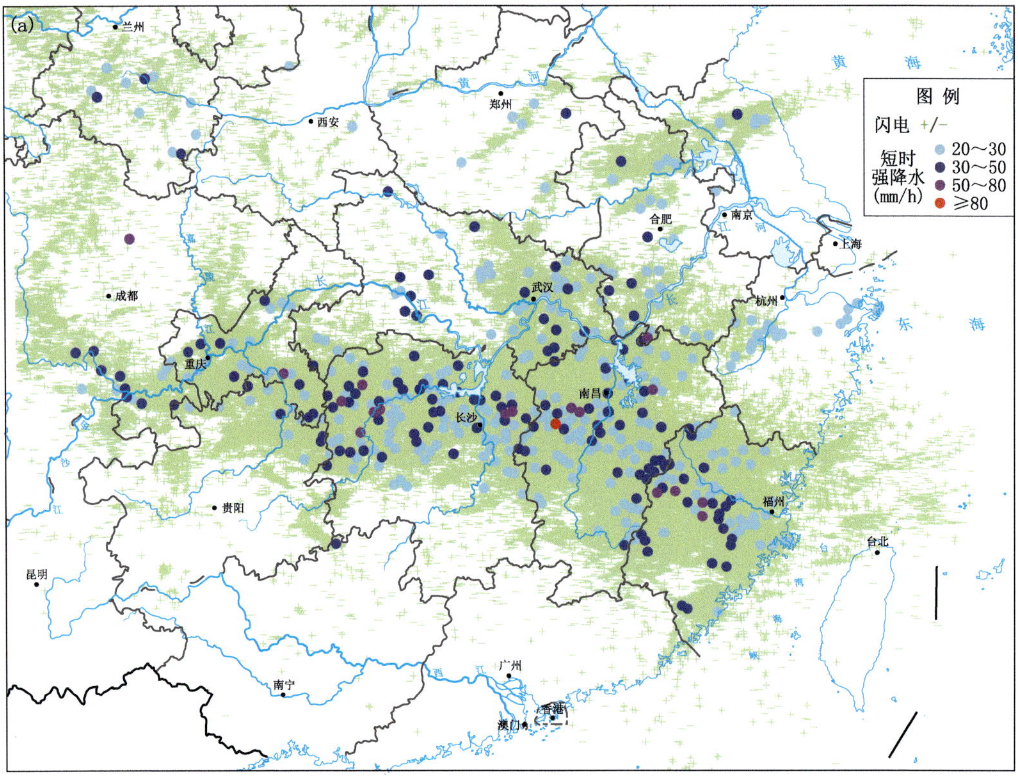

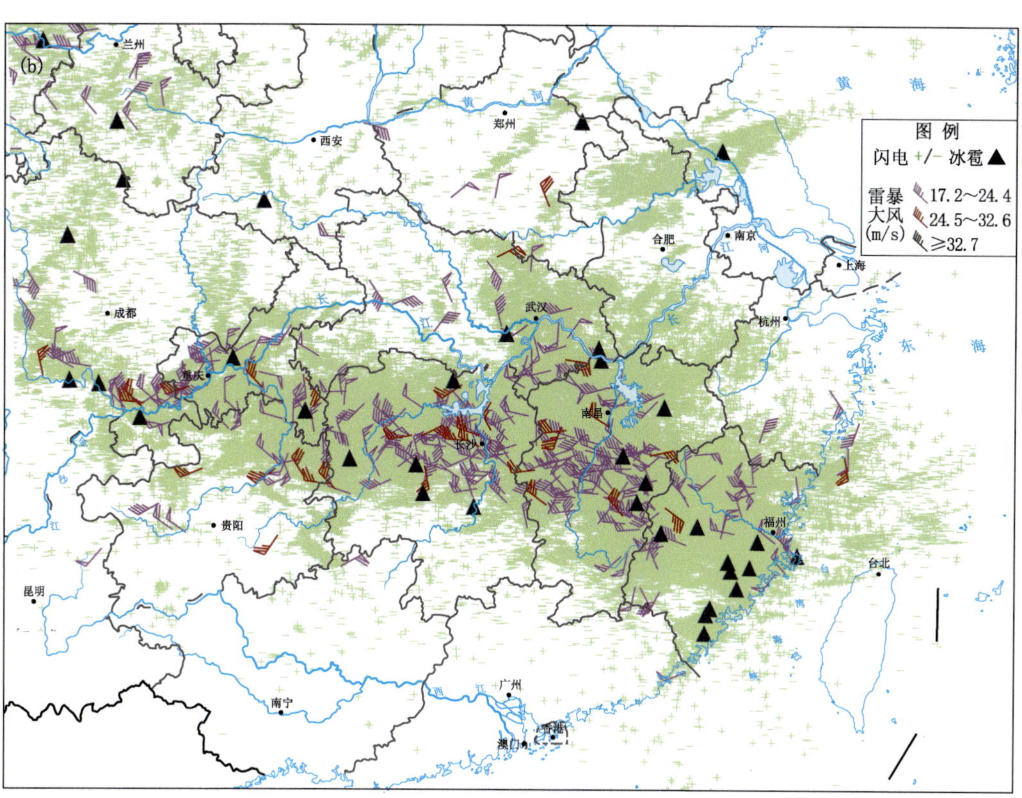

图 2.4　5 月 4 日 14 时—7 日 02 时过程强对流天气实况
(a)闪电和短时强降水;(b)闪电、冰雹和雷暴大风

第 5 次主要强对流天气:5 月 10 日 11 时—11 日 02 时

5 月 10—11 日,受高空冷涡、低层切变线和低空急流共同影响,东北地区出现雷暴大风为主的强对流天气。对流活动在黑龙江西部触发,在不断东移过程中发展为线状对流系统。

地面站观测显示,东北地区出现较大范围雷暴大风天气,局地风力超过 12 级(表 2.5、图 2.5)。

表 2.5　5 月 10 日 11 时—11 日 02 时过程强对流天气实况

最强对流天气实况					
短时强降水			雷暴大风		
位置	雨强/(mm/h)	时间	位置	风速/(m/s)	时间
/	/	/	吉林汪清	29	5 月 10 日 20 时
/	/	/	吉林汪清	28	5 月 10 日 19 时
/	/	/	黑龙江牡丹江	27	5 月 10 日 19 时

续表

分省强对流实况统计/站次						
省份	短时强降水			雷暴大风		冰雹
	⩾20 mm/h	⩾50 mm/h	⩾80 mm/h	⩾8 级	⩾10 级	
吉林	0	0	0	77	5	0
黑龙江	0	0	0	52	1	0
内蒙古	0	0	0	2	0	0

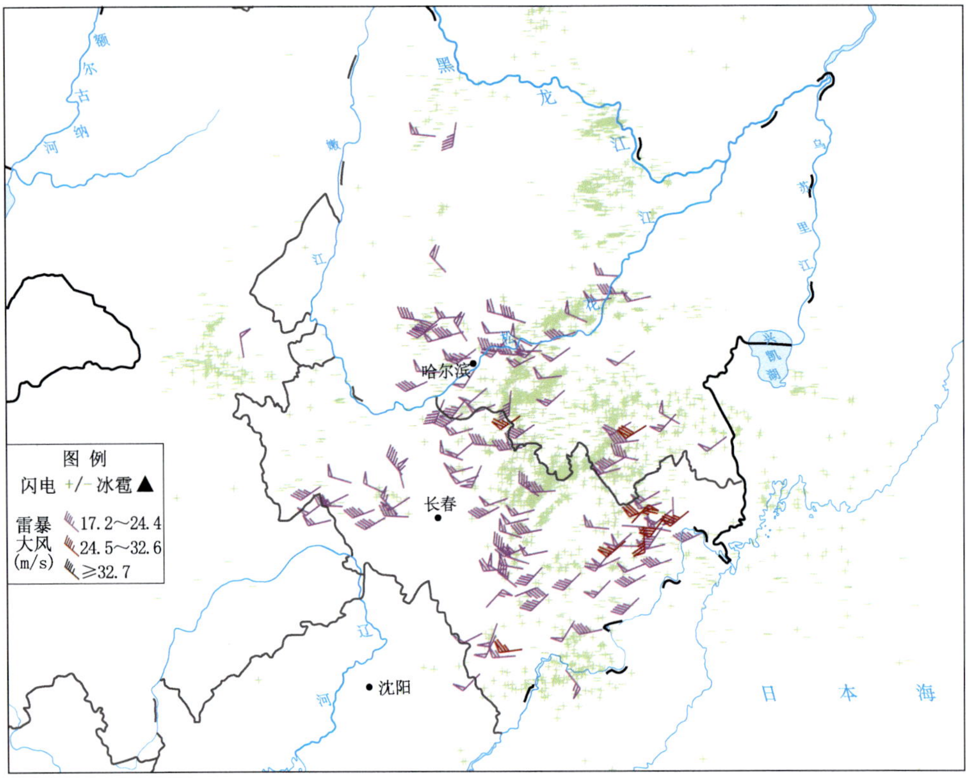

图 2.5　5 月 10 日 11 时—11 日 02 时过程强对流天气实况闪电、冰雹和雷暴大风

第 6 次主要强对流天气:5 月 11 日 02 时—12 日 05 时

5 月 11—12 日,副热带高压和低层切变线共同影响江南、华南等地。对流活动在贵州东南部触发后,在东移南下过程中发展为飑线系统。

地面站观测显示,江南东部、华南等地出现大范围短时强降水天气,局地雨强超过 80 mm/h,广西东部、广东、福建南部等地伴随出现风力达 8～9 级的雷暴大风和冰雹天气(表 2.6、图 2.6)。

表 2.6 5 月 11 日 02 时—12 日 05 时过程强对流天气实况

最强对流天气实况					
短时强降水			雷暴大风		
位置	雨强/(mm/h)	时间	位置	风速/(m/s)	时间
广西崇左	87.3	5 月 12 日 0 时	广西平果	28	5 月 11 日 20 时
广东梅州	79.1	5 月 11 日 21 时	广东惠州	27	5 月 11 日 23 时
广东蕉岭	67.9	5 月 11 日 21 时	广西百色	26	5 月 11 日 19 时

分省强对流实况统计/站次						
省份	短时强降水			雷暴大风		冰雹
	≥20 mm/h	≥50 mm/h	≥80 mm/h	≥8 级	≥10 级	
广东	111	6	0	42	1	2
广西	86	7	1	13	2	3
福建	8	0	0	2	0	1
江西	6	1	0	2	0	1
贵州	6	0	0	3	0	0

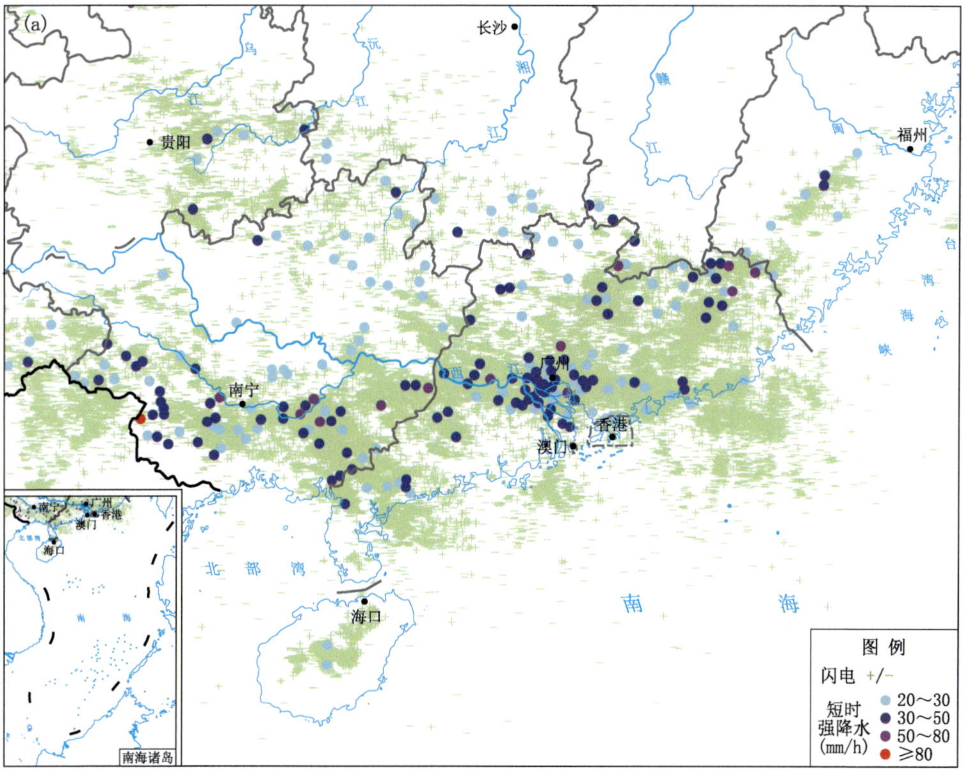

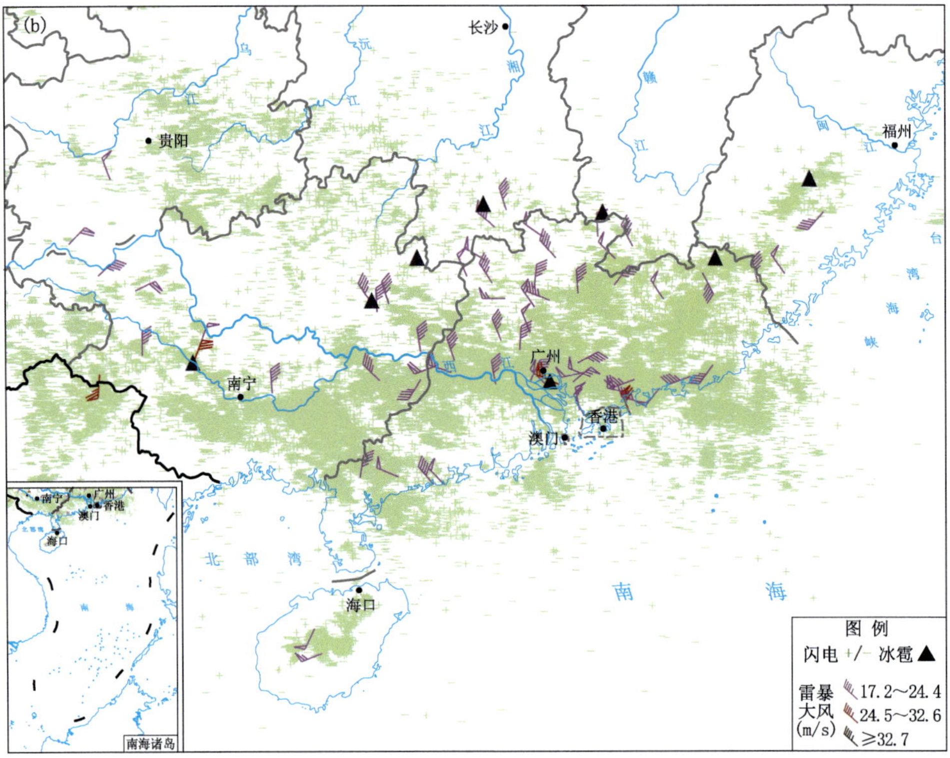

图 2.6　5 月 11 日 02 时—12 日 05 时过程强对流天气实况
(a)闪电和短时强降水；(b)闪电、冰雹和雷暴大风

第 7 次主要强对流天气：5 月 15 日 14 时—18 日 05 时

5 月 15—18 日，受 500 hPa 高空冷涡和低层切变线共同影响，西北地区东部、华北、黄淮等地出现强对流天气。对流活动在西北地区东部、华北等多地触发并发展，其中河北中南部发展加强为飑线，山东南部和东部出现超级单体风暴。

地面站观测显示，西北地区东部、华北、黄淮等地出现大范围风力为 8～10 级的雷暴大风天气，局地风力超过 12 级，山东等地伴随出现短时强降水天气，局地雨强超过 50 mm/h，山东、山西等地出现冰雹（表 2.7、图 2.7）。

表 2.7　5 月 15 日 14 时—18 日 05 时过程强对流天气实况

最强对流天气实况					
短时强降水			雷暴大风		
位置	雨强/(mm/h)	时间	位置	风速/(m/s)	时间
山东威海	53.1	5 月 17 日 23 时	山东临沂	35	5 月 17 日 22 时
山东费县	51.2	5 月 17 日 22 时	山西离石	35	5 月 15 日 17 时
山东乳山	45.2	5 月 17 日 23 时	山东莒南	34	5 月 17 日 23 时

续表

分省强对流实况统计/站次						
省份	短时强降水			雷暴大风		冰雹
	≥20 mm/h	≥50 mm/h	≥80 mm/h	≥8 级	≥10 级	
山东	47	2	0	143	8	5
河南	0	0	0	69	2	0
山西	0	0	0	46	3	3
内蒙古	1	0	0	69	11	0
河北	0	0	0	29	0	1
江苏	3	0	0	21	2	1
陕西	3	0	0	18	0	0

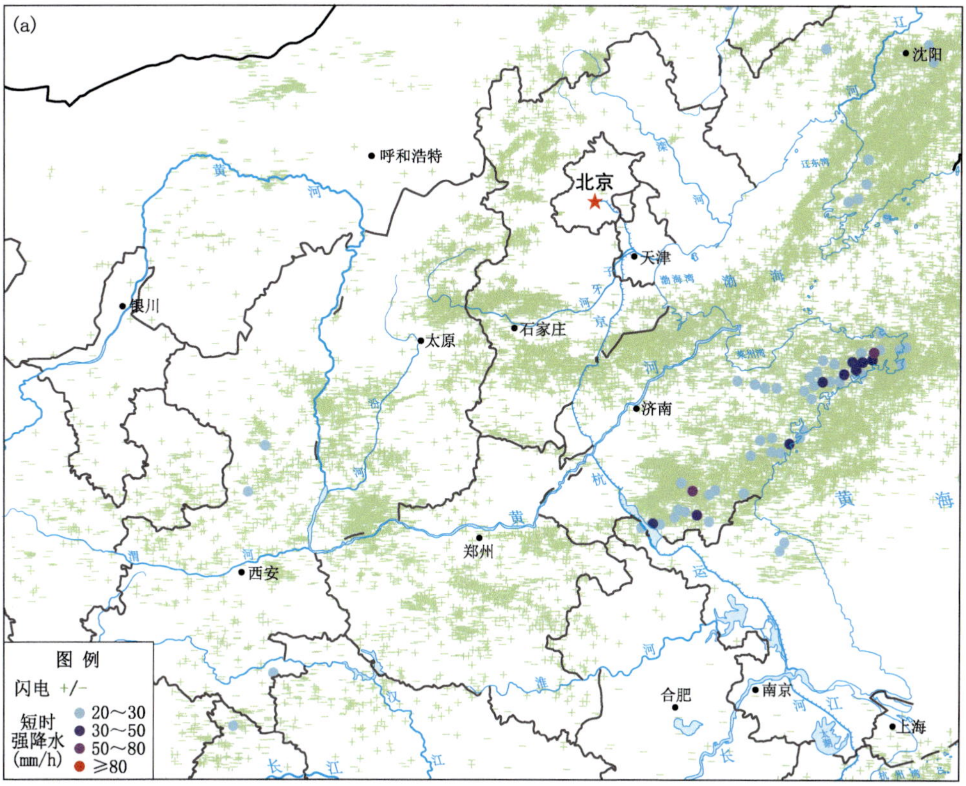

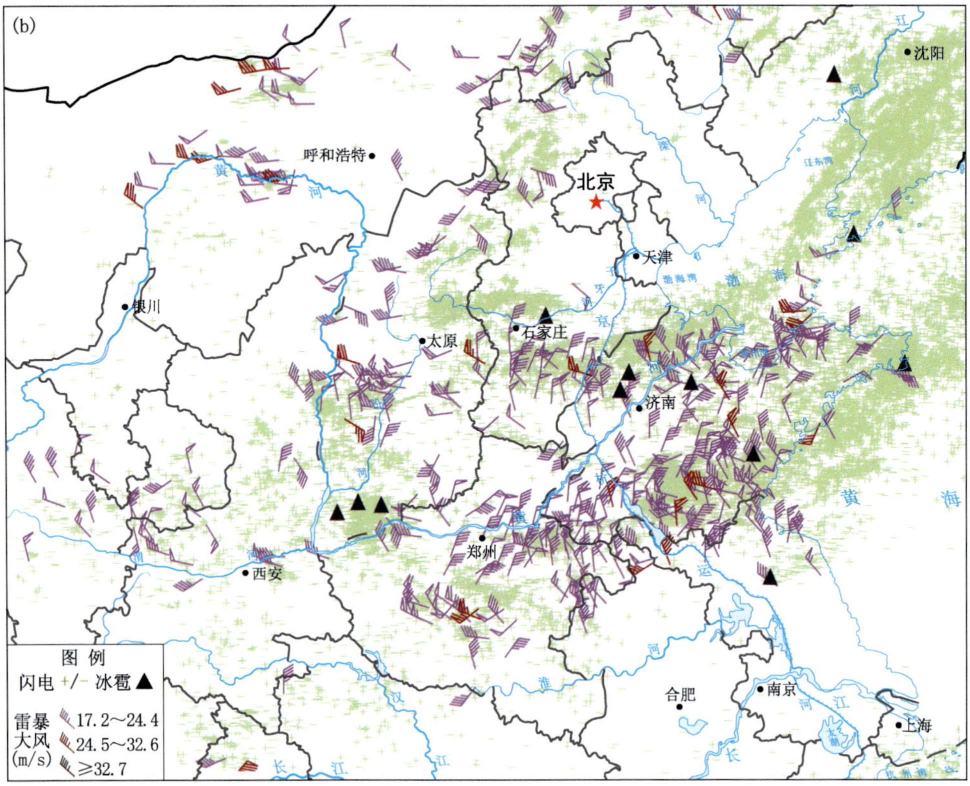

图 2.7　5 月 15 日 14 时—18 日 05 时过程强对流天气实况
(a)闪电和短时强降水；(b)闪电、冰雹和雷暴大风

第 8 次主要强对流天气：5 月 14 日 11 时—17 日 08 时

5 月 14—17 日，500 hPa 西风槽缓慢东移，配合低层切变线共同影响西南地区东部、江南和华南等地。对流活动在西南地区东部、江南东部、华南西部多地触发并发展，其中在贵州、浙江等地发展为飑线。

地面站观测显示，西南地区东部、江南中西部、华南部分地区出现短时强降水，局地雨强超过 80 mm/h，部分地区伴随出现雷暴大风，局地风力超过 11 级，江西、福建西北部、广西北部局地出现冰雹（表 2.8、图 2.8）。

表 2.8　5 月 14 日 11 时—17 日 08 时过程强对流天气实况

最强对流天气实况					
短时强降水			雷暴大风		
位置	雨强/(mm/h)	时间	位置	风速/(m/s)	时间
广西桂林	114.3	5 月 16 日 09 时	广西北流	35	5 月 16 日 17 时
贵州黔南	110.6	5 月 14 日 23 时	浙江岱山	30	5 月 15 日 17 时
广西桂林	90.8	5 月 16 日 05 时	广东广州	28	5 月 16 日 19 时

续表

分省强对流实况统计/站次						
省份	短时强降水			雷暴大风		冰雹
	≥20 mm/h	≥50 mm/h	≥80 mm/h	≥8 级	≥10 级	
广西	142	15	3	24	1	3
江西	105	2	0	34	1	6
湖南	89	3	0	11	0	1
贵州	75	4	2	16	0	1
福建	36	3	0	13	1	4
浙江	34	0	0	32	2	0
广东	30	3	0	17	1	1

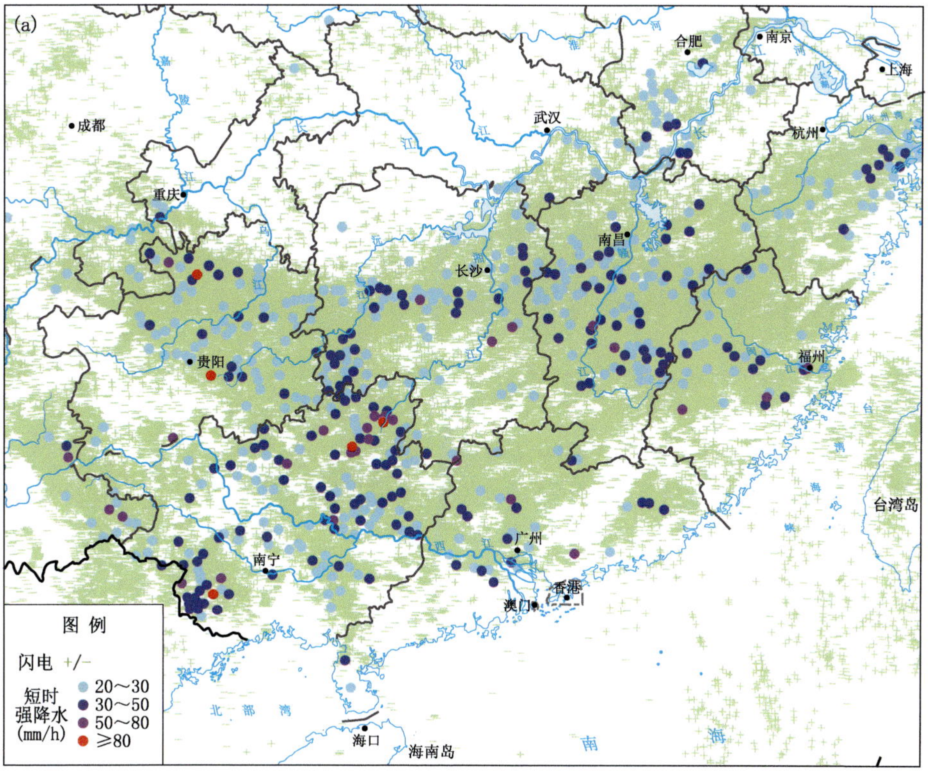

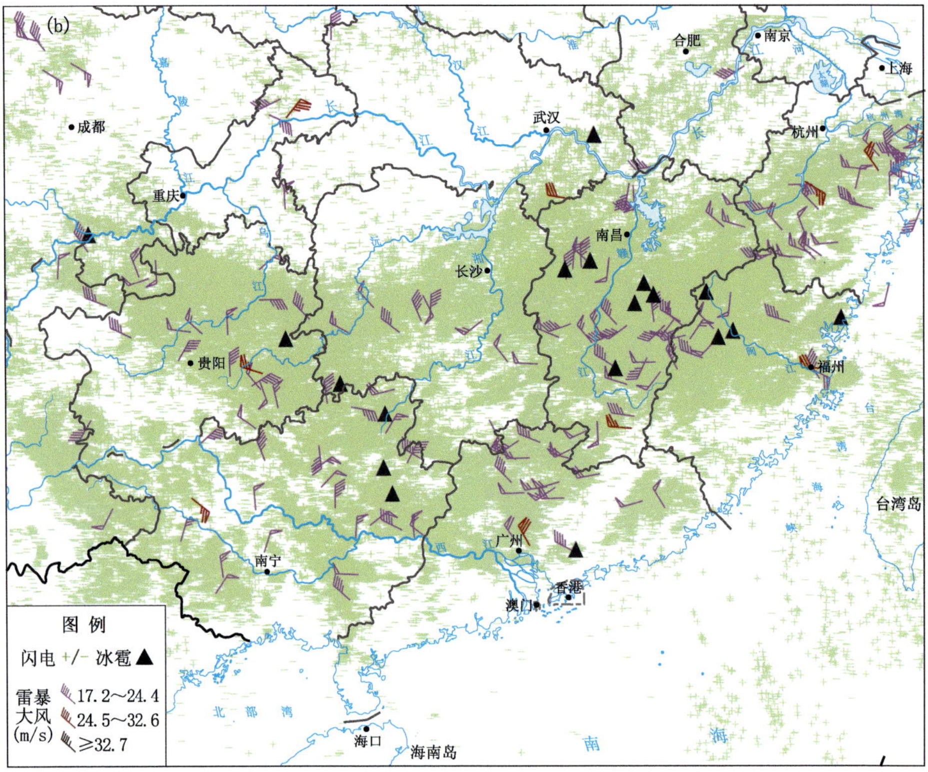

图 2.8　5 月 14 日 11 时—17 日 08 时过程强对流天气实况
(a)闪电和短时强降水；(b)闪电、冰雹和雷暴大风

第 9 次主要强对流天气：5 月 19 日 20 时—22 日 11 时

5 月 19—22 日，受低层切变线和低空急流共同影响，西南地区东部、华南等地出现大范围短时强降水和雷暴大风天气。对流活动在西南地区东部、华南西部触发，在东移过程中逐渐发展加强，21 日夜间至 22 日上午在广东南部出现多单体风暴。

地面站观测显示，西南地区东部、华南部分地区出现短时强降水，其中，华南地区多站雨强超过 80 mm/h，部分地区伴随出现风力为 8～10 级的雷暴大风，广西局地出现冰雹（表 2.9、图 2.9）。

表 2.9　5 月 19 日 20 时—22 日 11 时过程强对流天气实况

最强对流天气实况					
短时强降水			雷暴大风		
位置	雨强/(mm/h)	时间	位置	风速/(m/s)	时间
广东增城	127.5	5 月 22 日 02 时	广西贵港	32	5 月 20 日 11 时
广东东莞	116.6	5 月 22 日 01 时	广西隆林	31	5 月 21 日 19 时
广东惠州	104.9	5 月 20 日 02 时	广东新会	29	5 月 22 日 09 时

续表

分省强对流实况统计/站次						
省份	短时强降水			雷暴大风		冰雹
	≥20 mm/h	≥50 mm/h	≥80 mm/h	≥8 级	≥10 级	
广东	158	39	11	20	3	1
广西	150	14	2	17	2	4
贵州	65	8	0	12	2	0
湖南	26	3	0	1	0	1
福建	10	0	0	0	0	0

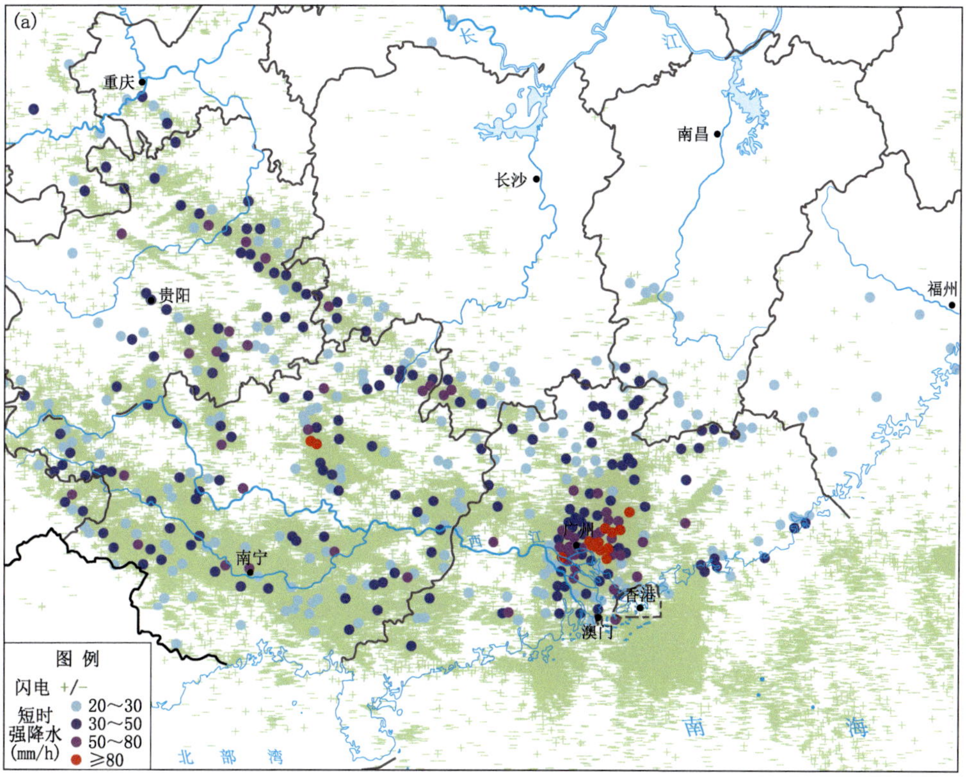

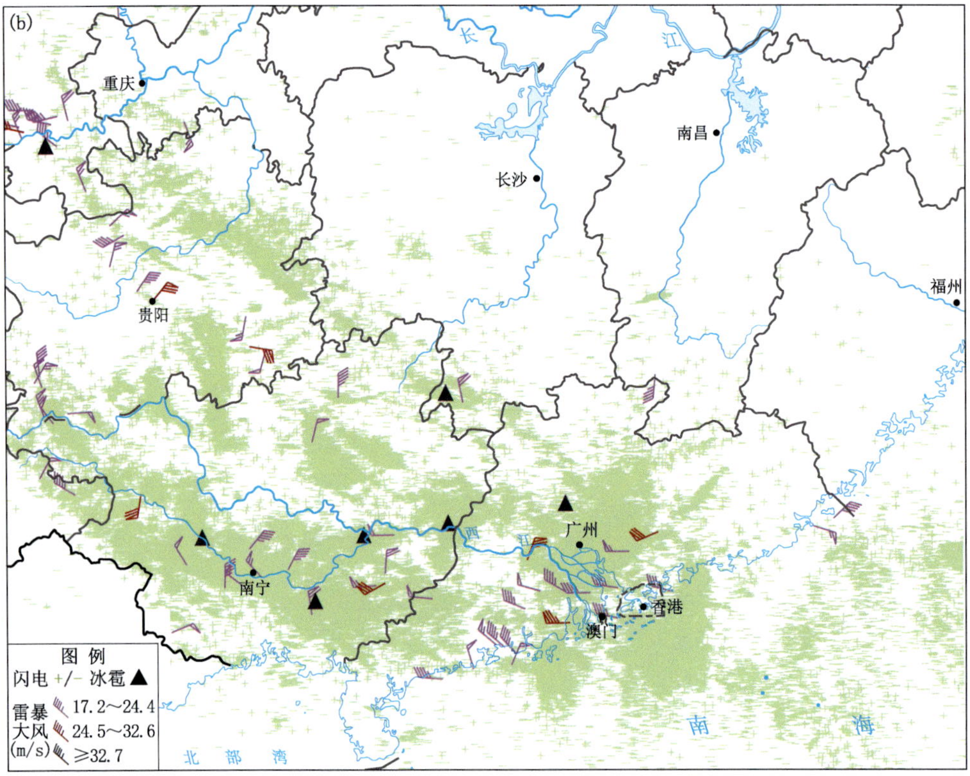

图 2.9　5 月 19 日 20 时—22 日 11 时过程强对流天气实况
(a)闪电和短时强降水；(b)闪电、冰雹和雷暴大风

第 10 次主要强对流天气:5 月 21 日 11—23 时

5 月 21 日，受 500 hPa 高空冷涡和低层切变线共同影响，西北地区东部、华北等地出现大范围雷暴大风天气。对流活动在西北地区东部、华北西北部等地触发，在东移过程中逐渐发展加强为线状多单体风暴。

地面站观测显示，西北地区东部、华北出现风力达 8～10 级的雷暴大风，局地风力超过 11 级，陕西南部、山西南部、河北北部等地局地出现冰雹(表 2.10、图 2.10)。

表 2.10　5 月 21 日 11—23 时过程强对流天气实况

最强对流天气实况					
短时强降水			雷暴大风		
位置	雨强/(mm/h)	时间	位置	风速/(m/s)	时间
河北秦皇岛	35.6	5 月 21 日 20 时	广西隆林	31	5 月 21 日 19 时
河北邯郸	33.5	5 月 21 日 19 时	陕西黄陵	29	5 月 21 日 17 时
天津北辰	32.9	5 月 21 日 18 时	广东高要	28	5 月 21 日 21 时

续表

分省强对流实况统计/站次						
省份	短时强降水			雷暴大风		冰雹
	⩾20 mm/h	⩾50 mm/h	⩾80 mm/h	⩾8 级	⩾10 级	
河北	15	0	0	62	4	4
天津	4	0	0	4	1	0
内蒙古	0	0	0	21	0	0
山西	0	0	0	18	0	1
陕西	0	0	0	9	1	0

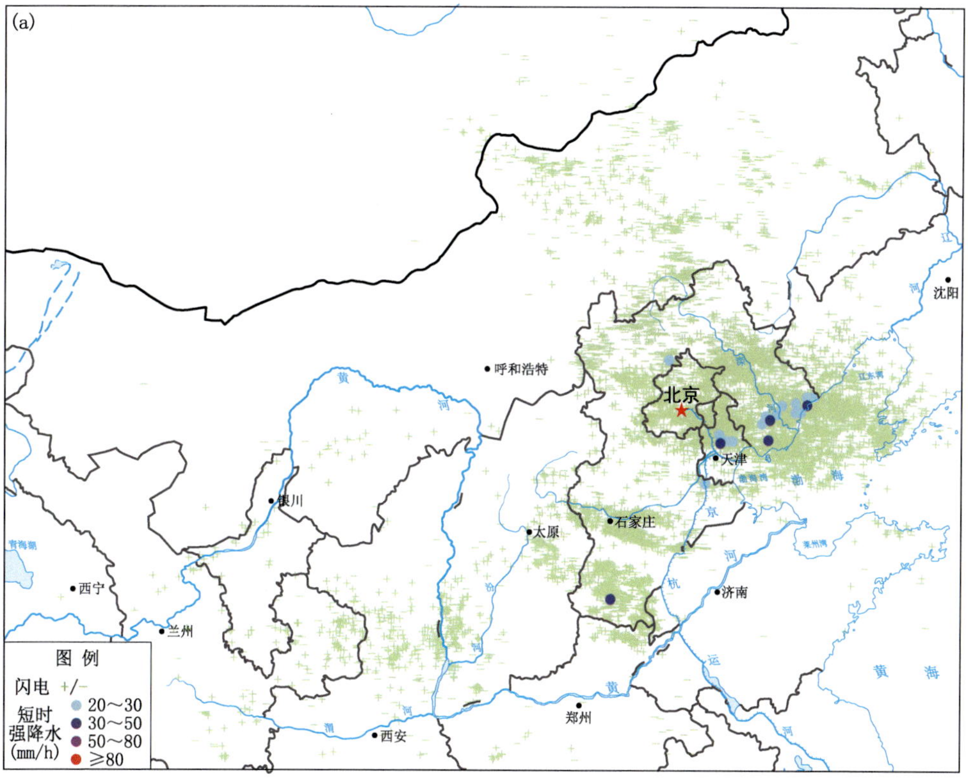

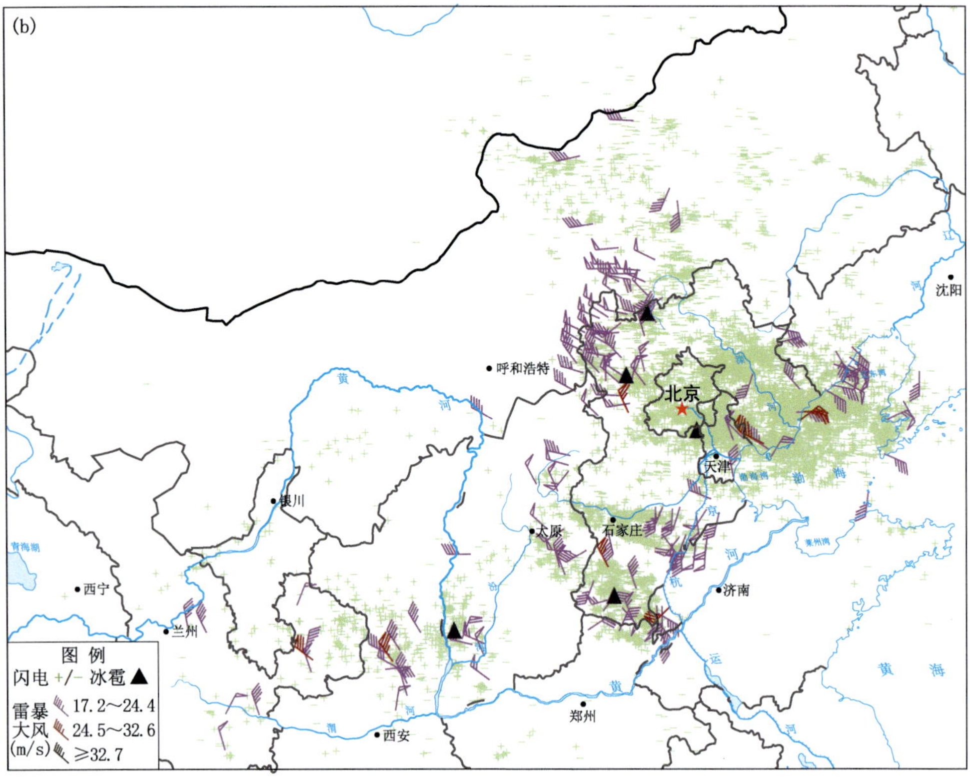

图 2.10　5月21日11—23时过程强对流天气实况

(a)闪电和短时强降水；(b)闪电、冰雹和雷暴大风

第 11 次主要强对流天气:5 月 30 日 08 时—6 月 1 日 02 时

5 月 30 日—6 月 1 日，受 500 hPa 高空槽和低层切变线共同影响，西北地区东部、东北地区、华北、黄淮等地出现大范围雷暴大风天气。对流活动在华北西北部等地触发，在东移过程中逐渐发展加强。

地面站观测显示，东北地区、华北、黄淮部分地区出现风力达 8～10 级的雷暴大风，局地风力超过 11 级，黑龙江中北部、河北东部等地局地出现冰雹（表 2.11、图 2.11）。

表 2.11　5 月 30 日 08 时—6 月 1 日 02 时过程强对流天气实况

最强对流天气实况					
短时强降水			雷暴大风		
位置	雨强/(mm/h)	时间	位置	风速/(m/s)	时间
黑龙江伊春	37.4	5月31日15时	河北承德	30	5月30日12时
山西沁水	27.8	5月30日17时	内蒙古突泉	20	5月30日15时
河北沙河	24.9	5月30日20时	黑龙江鸡西	29	5月31日14时

续表

分省强对流实况统计/站次						
省份	短时强降水			雷暴大风		冰雹
	≥20 mm/h	≥50 mm/h	≥80 mm/h	≥8 级	≥10 级	
内蒙古	0	0	0	133	17	2
黑龙江	3	0	0	79	6	4
吉林	0	0	0	53	3	0
河北	2	0	0	21	5	1
山西	4	0	0	12	0	1
北京	1	0	0	4	0	0

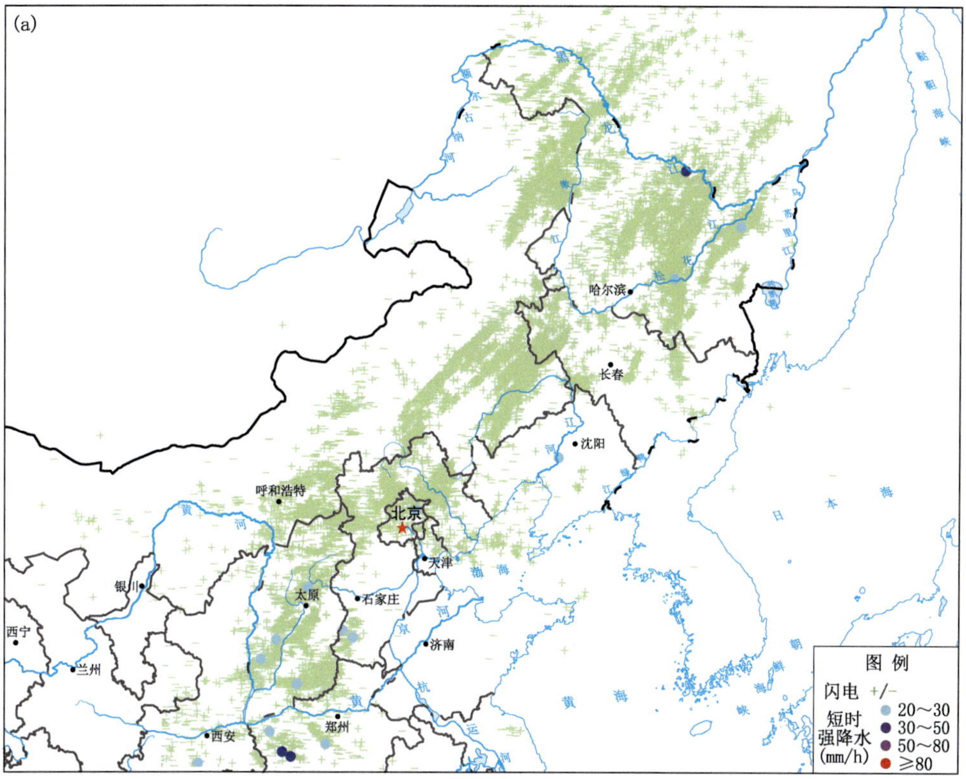

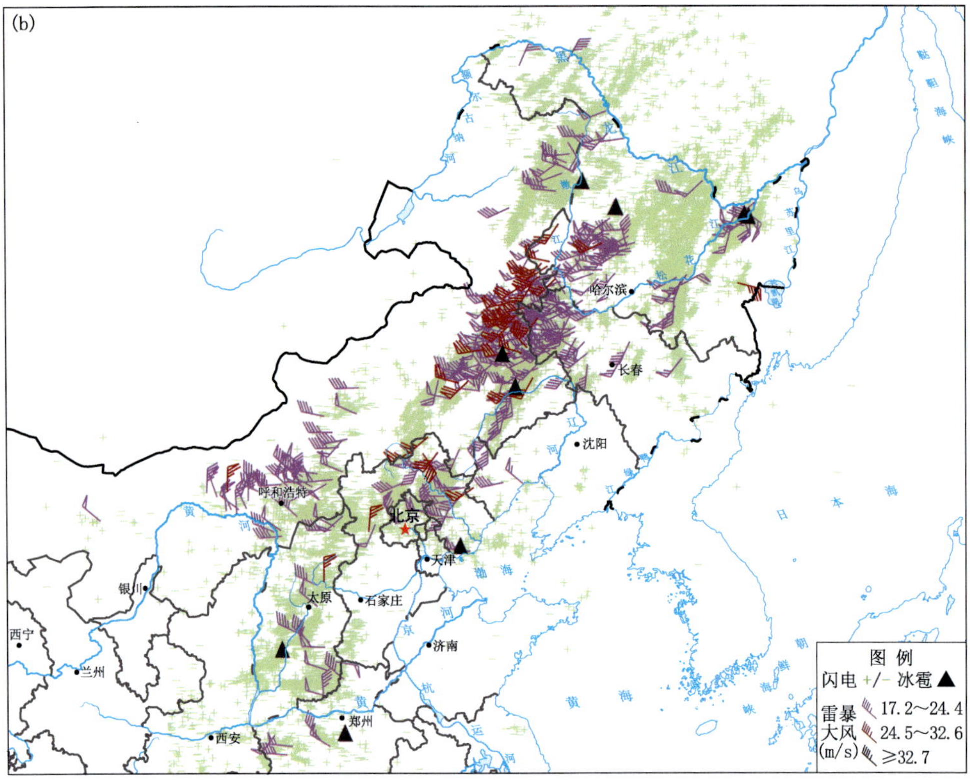

图 2.11　5 月 30 日 08 时—6 月 1 日 02 时过程强对流天气实况
(a)闪电和短时强降水；(b)闪电、冰雹和雷暴大风

第 12 次主要强对流天气：6 月 1 日 11 时—2 日 08 时

6 月 1—2 日，500 hPa 高空槽东移，配合低层切变系统和低空急流形成、发展，共同影响华北等地。对流活动在山西东部、河北西部以及山东西部触发后，向东或向南发展为多条线状对流或飑线。

地面站观测显示，山西、河北、山东等地出现大范围雷暴大风天气，局地风力达到 11 级以上，山东等地伴随出现雨强 20～40 mm/h 的短时强降水和冰雹（表 2.12、图 2.12）。

表 2.12　6 月 1 日 11 时—2 日 08 时过程强对流天气实况

最强对流天气实况					
短时强降水			雷暴大风		
位置	雨强/(mm/h)	时间	位置	风速/(m/s)	时间
山东蒙阴	48.1	6 月 1 日 19 时	山东莱西	30	6 月 2 日 01 时
山东阳信	34.7	6 月 1 日 22 时	河北承德	28	6 月 1 日 19 时
山东夏津	33.4	6 月 1 日 16 时	内蒙古乌兰察布	28	6 月 1 日 14 时

续表

分省强对流实况统计/站次						
省份	短时强降水			雷暴大风		冰雹
	≥20 mm/h	≥50 mm/h	≥80 mm/h	≥8 级	≥10 级	
山东	18	0	0	45	4	8
河北	3	0	0	90	6	3
山西	0	0	0	33	2	1
天津	0	0	0	12	2	0
北京	0	0	0	7	0	0
内蒙古	0	0	0	24	4	0

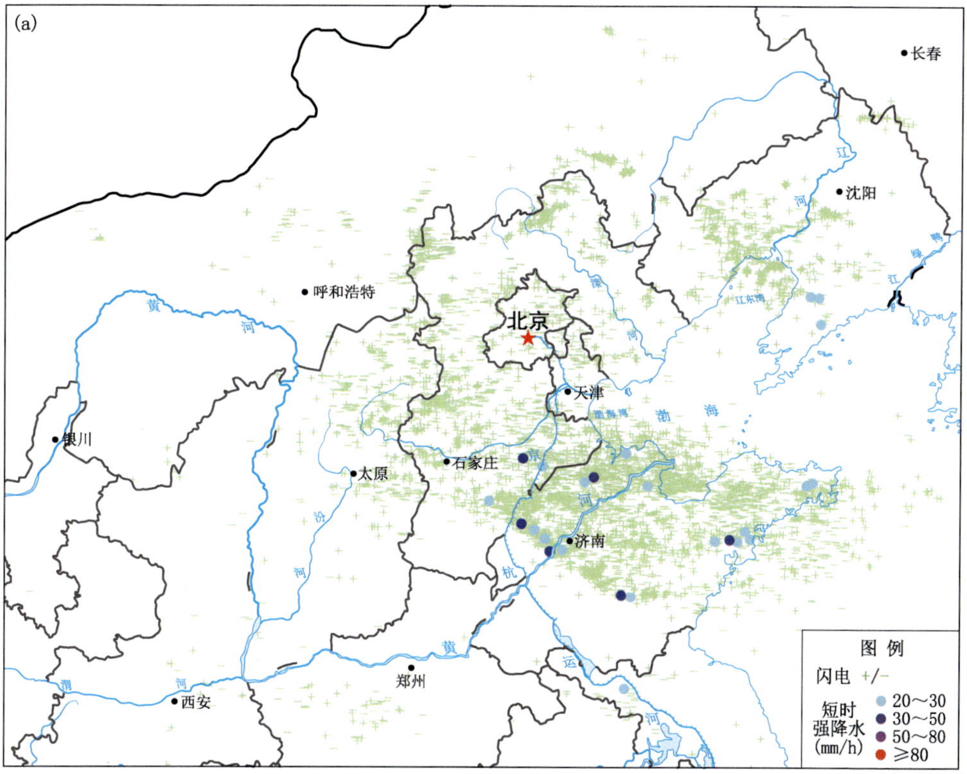

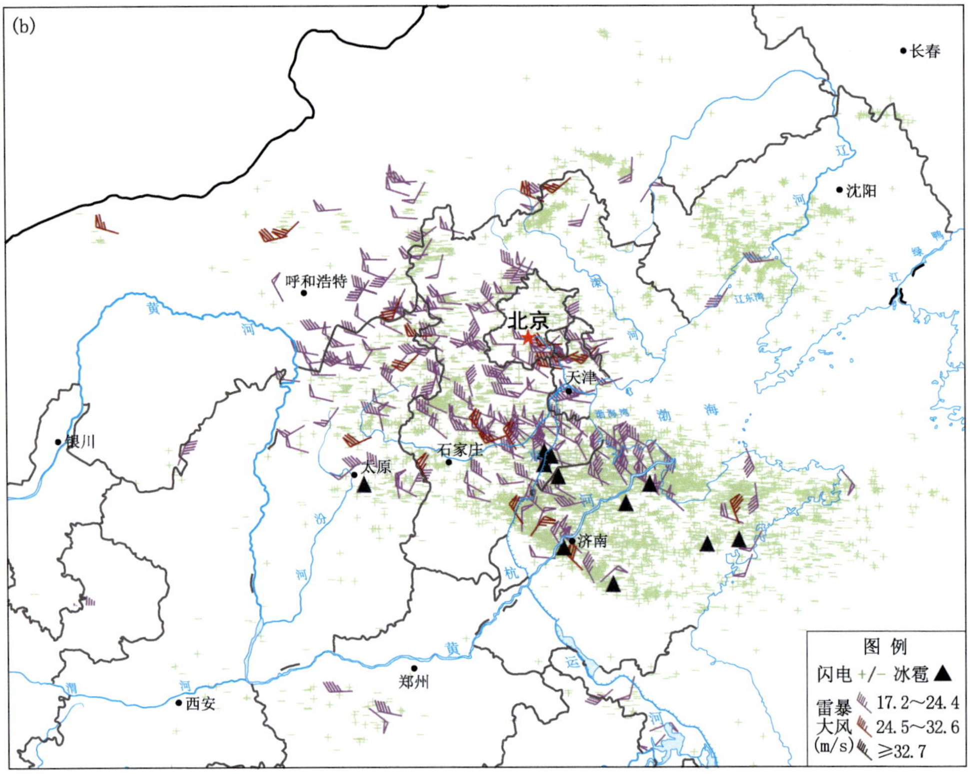

图 2.12　6 月 1 日 11 时—2 日 08 时过程强对流天气实况
(a)闪电和短时强降水；(b)闪电、冰雹和雷暴大风

第 13 次主要强对流天气：6 月 1 日 14 时—3 日 14 时

6 月 1—3 日，受高空槽、低层切变线共同影响，西南地区东部、江南、华南等地出现以短时强降水为主的强对流天气。对流活动在贵州西部、重庆等地触发，并在不断东移南下过程中发展为线状对流系统。

地面站观测显示，西南地区东部、江南、华南等地出现大范围短时强降水天气，局地小时雨量超过 80 mm，部分地区伴有 8～10 级雷暴大风，广西、福建等地局地出现冰雹（表 2.13、图 2.13）。

表 2.13　6 月 1 日 14 时—3 日 14 时过程强对流天气实况

最强对流天气实况					
短时强降水			雷暴大风		
位置	雨强/(mm/h)	时间	位置	风速/(m/s)	时间
广东阳江	98.1	6 月 2 日 05 时	广东电白	28	6 月 2 日 18 时
广西河池	87.1	6 月 3 日 03 时	广东茂名	25	6 月 2 日 18 时
广西融安	80.2	6 月 3 日 4 时	广西桂平	25	6 月 2 日 13 时

续表

分省强对流实况统计/站次						
省份	短时强降水			雷暴大风		冰雹
	≥20 mm/h	≥50 mm/h	≥80 mm/h	≥8 级	≥10 级	
广西	142	17	2	20	0	4
江西	88	10	0	9	0	2
湖南	70	3	0	10	0	1
福建	61	2	0	8	0	5
广东	70	6	1	16	2	3
贵州	61	5	0	10	0	0
重庆	15	1	0	0	0	0
上海	6	1	0	0	0	0

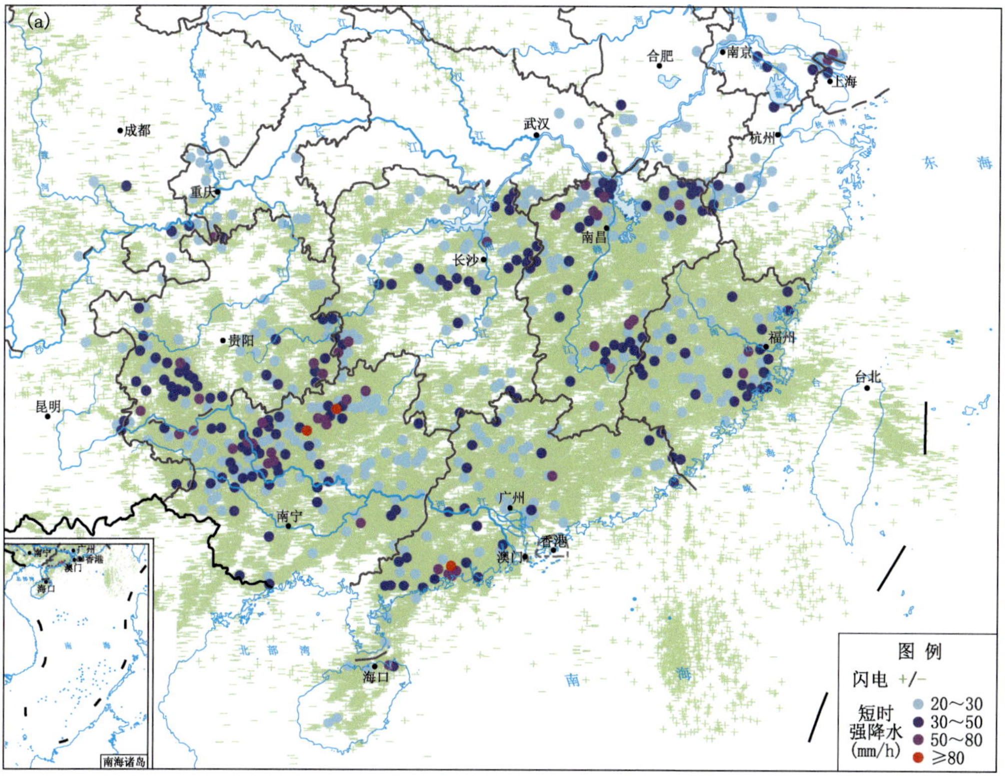

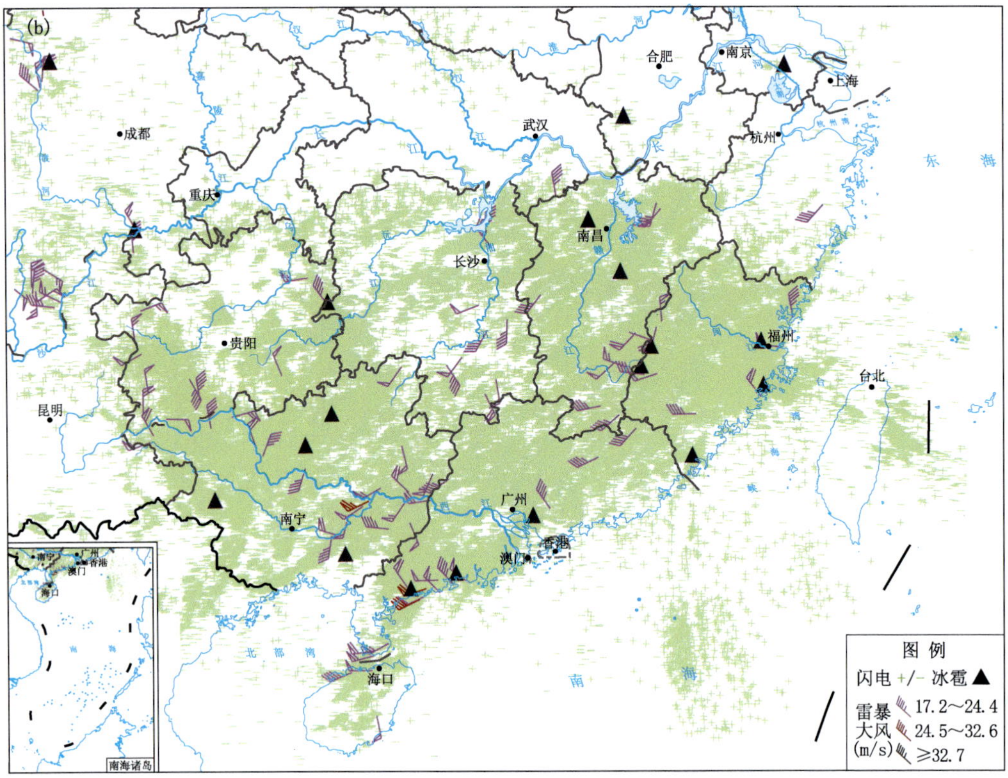

图 2.13 6 月 1 日 14 时—3 日 14 时过程强对流天气实况
(a)闪电和短时强降水；(b)闪电、冰雹和雷暴大风

第 14 次主要强对流天气：6 月 5 日 08—23 时

6 月 5 日，高空槽和低层切变线共同影响江淮、江南北部等地。对流活动在安徽南部、江苏南部、江西北部等地触发后，随引导气流向东北方向移动过程中发展为多单体对流风暴。

地面站观测显示，江淮、江南中东部、华南等地出现大范围短时强降水天气，局地雨强超过 80 mm/h，江西、福建等地伴随出现 8～10 级雷暴大风和局地冰雹天气（表 2.14、图 2.14）。

表 2.14 6 月 5 日 08—23 时过程强对流天气实况

最强对流天气实况					
短时强降水			雷暴大风		
位置	雨强/(mm/h)	时间	位置	风速/(m/s)	时间
广西钦州	96.0	6 月 5 日 14 时	福建罗源	25	6 月 5 日 19 时
广西钦州	83.3	6 月 5 日 13 时	福建宁德	25	6 月 5 日 20 时
安徽马鞍山	82.1	6 月 5 日 10 时	江西瑞金	24	6 月 5 日 15 时

续表

分省强对流实况统计/站次						
省份	短时强降水			雷暴大风		冰雹
	≥20 mm/h	≥50 mm/h	≥80 mm/h	≥8 级	≥10 级	
广西	78	11	2	2	0	1
安徽	57	6	1	1	0	2
上海	11	0	0	0	0	0
浙江	23	0	0	2	0	0
江西	54	5	0	9	0	2
广东	34	0	0	13	0	1
福建	26	0	0	23	1	4
江苏	12	1	0	0	0	0

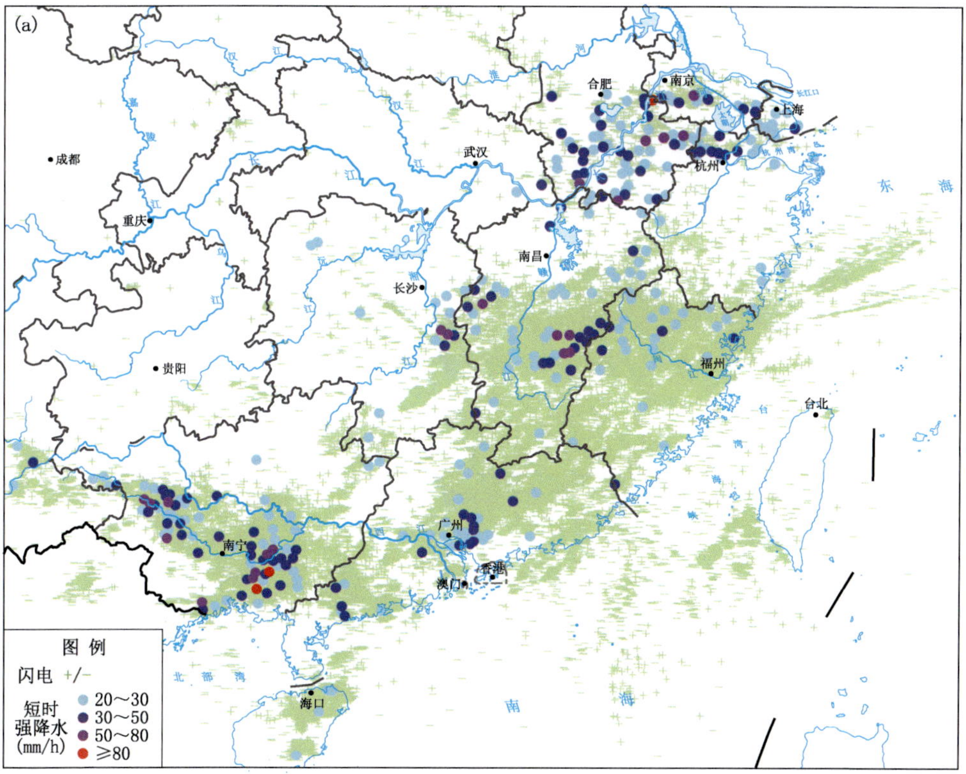

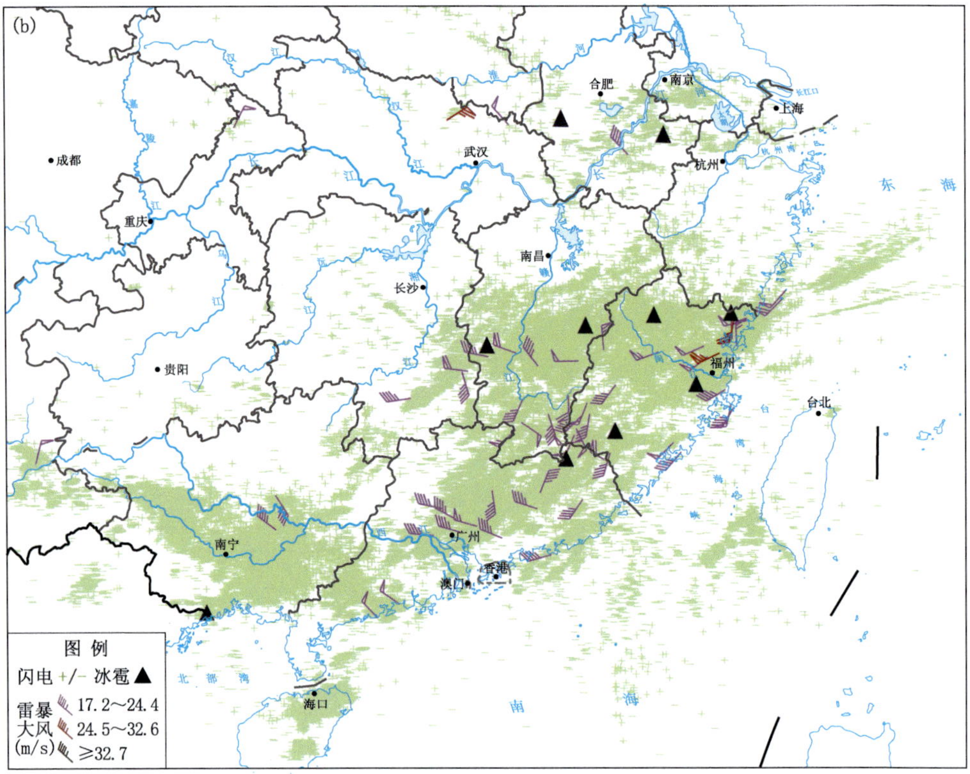

图 2.14 6 月 5 日 08—23 时过程强对流天气实况
(a)闪电和短时强降水；(b)闪电、冰雹和雷暴大风

第 15 次主要强对流天气：6 月 6 日 08 时—10 日 08 时

6 月 6—10 日，西风槽东移，配合低层切变线和低空急流共同影响西南地区东部、江南及华南地区。对流活动在贵州、广西、广东等多地触发并发展，其中广东中东部对流系统发展较强，表现为多单体风暴特征。

西南地区东部、江南、华南等地出现较大范围短时强降水天气，其中，贵州南部、广西北部、广东珠三角附近区域多站出现雨强超过 80 mm/h 的短时强降水，广东广州小时雨量达到 120.6 mm，贵州南部、广西北部、广东西部局地伴随出现 8 级以上雷暴大风和冰雹（表 2.15、图 2.15）。

表 2.15 6 月 6 日 08 时—10 日 08 时过程强对流天气实况

最强对流天气实况					
短时强降水			雷暴大风		
位置	雨强/(mm/h)	时间	位置	风速/(m/s)	时间
广东广州	120.6	6 月 7 日 20 时	广东深圳	26	6 月 8 日 05 时
贵州南州	108.8	6 月 8 日 05 时	四川色达	25	6 月 7 日 18 时
广东韶关	99.9	6 月 9 日 05 时	广东高州	24	6 月 9 日 15 时

续表

分省强对流实况统计/站次						
省份	短时强降水			雷暴大风		冰雹
	≥20 mm/h	≥50 mm/h	≥80 mm/h	≥8 级	≥10 级	
广西	186	31	4	8	0	4
广东	181	40	8	20	1	6
福建	100	2	0	2	0	0
湖南	126	11	0	2	0	1
贵州	110	7	1	5	0	2
江西	110	8	0	0	0	2
云南	30	1	0	16	0	0
四川	7	0	0	20	0	1

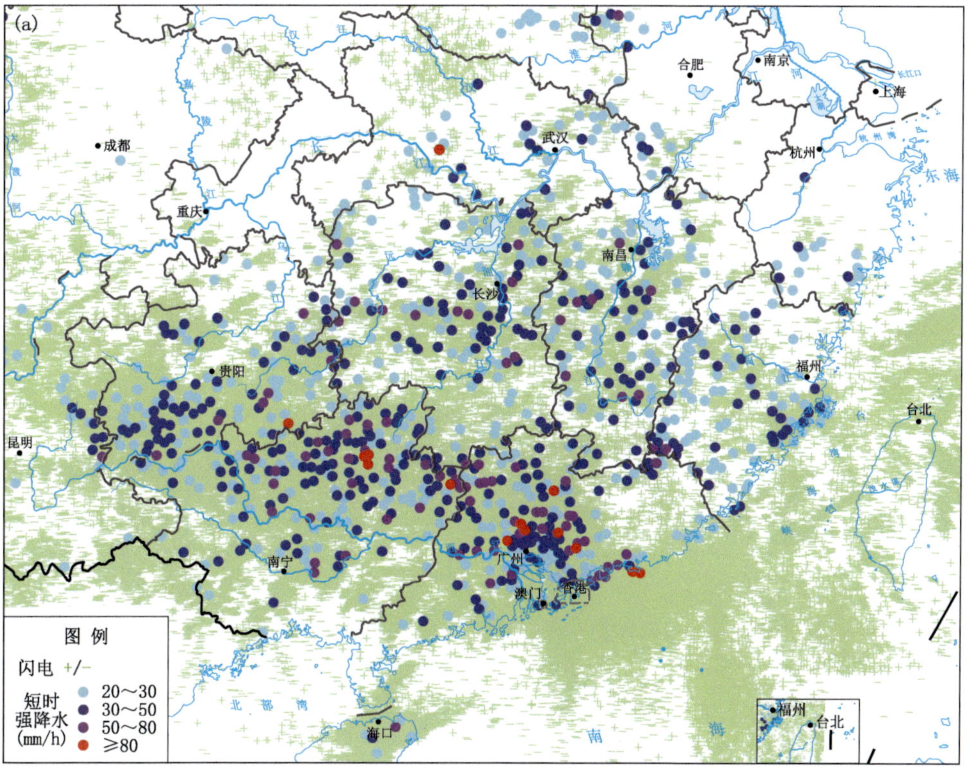

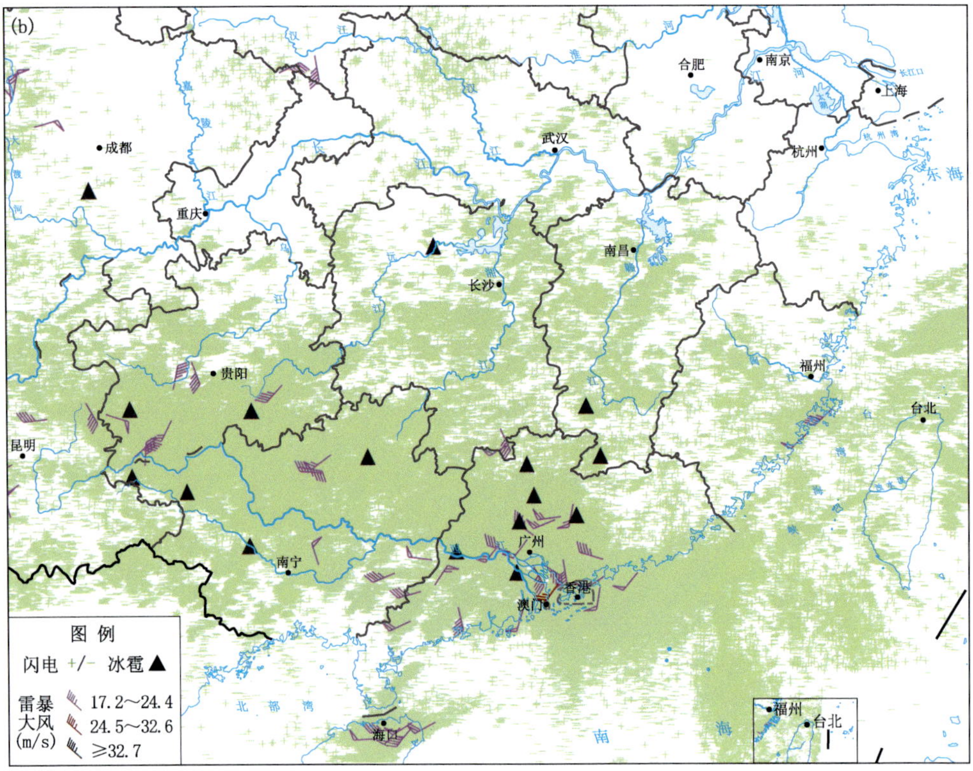

图 2.15 6 月 6 日 08 时—10 日 08 时过程强对流天气实况
(a)闪电和短时强降水；(b)闪电、冰雹和雷暴大风

第 16 次主要强对流天气：6 月 8 日 11 时—9 日 05 时

6 月 8—9 日，500 hPa 西风槽缓慢东移，配合低层切变线和低空急流共同影响，内蒙古东部、黑龙江等地出现较大范围以雷暴大风为主的强对流天气。对流活动在内蒙古东部、黑龙江西部触发并发展，其中，黑龙江西南部局地出现超级单体风暴。

地面站观测显示，内蒙古东部、黑龙江、吉林西部等地出现 8～10 级、局地达 11 级的雷暴大风（表 2.16、图 2.16）。

表 2.16 6 月 8 日 11 时—9 日 05 时过程强对流天气实况

最强对流天气实况					
短时强降水			雷暴大风		
位置	雨强/(mm/h)	时间	位置	风速/(m/s)	时间
黑龙江青冈	40.0	6 月 8 日 21 时	黑龙江黑河	30	6 月 8 日 19 时
黑龙江讷河	33.8	6 月 8 日 18 时	黑龙江绥化	30	6 月 8 日 22 时
黑龙江富裕	30.5	6 月 8 日 18 时	黑龙江富裕	29	6 月 8 日 18 时

续表

分省强对流实况统计/站次						
省份	短时强降水			雷暴大风		冰雹
	≥20 mm/h	≥50 mm/h	≥80 mm/h	≥8 级	≥10 级	
黑龙江	14	0	0	94	17	0
内蒙古	0	0	0	17	2	0
吉林	0	0	0	10	1	0

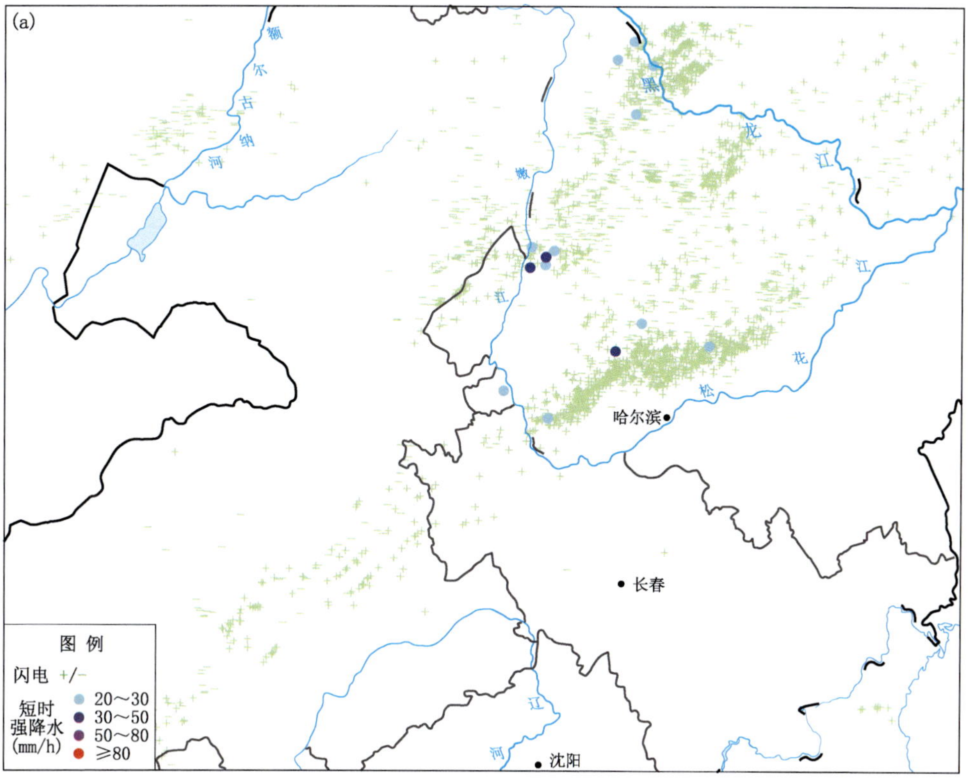

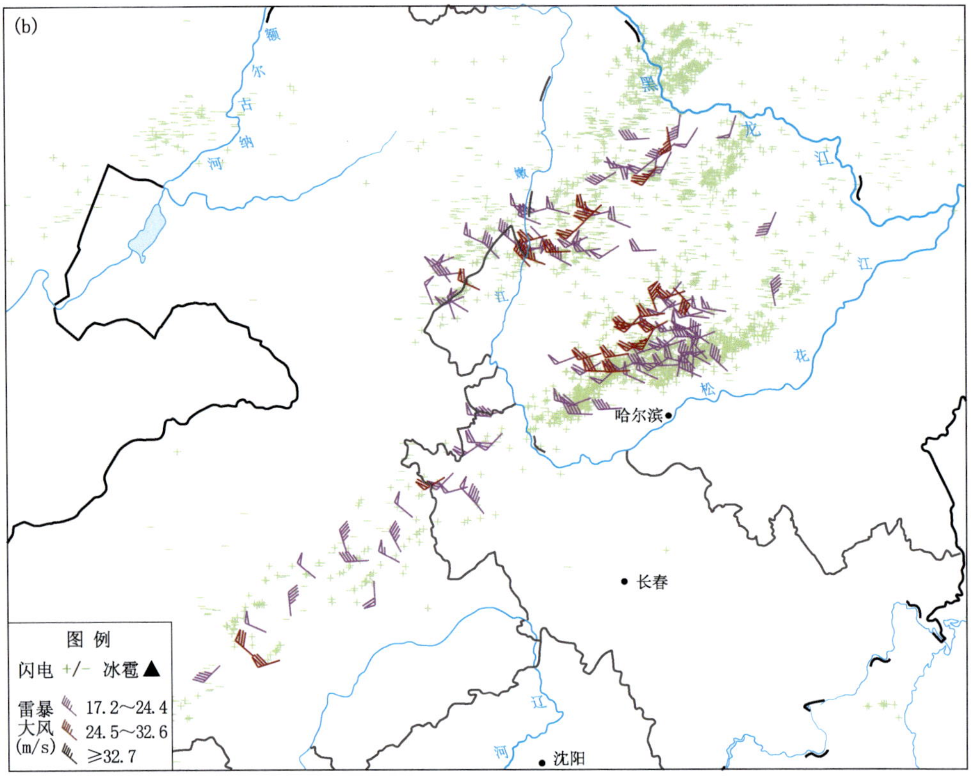

图 2.16　6 月 8 日 11 时—9 日 05 时过程强对流天气实况
(a)闪电和短时强降水；(b)闪电、冰雹和雷暴大风

第 17 次主要强对流天气：6 月 10 日 05 时—11 日 08 时

6 月 10—11 日，受 500 hPa 高空槽、低层切变线和低空急流共同影响，内蒙古东部、东北地区出现较大范围雷暴大风天气，局地伴有短时强降水和冰雹。对流活动在内蒙古东部触发，在东移过程中发展加强为线状多单体风暴。

地面站观测显示，内蒙古东部、东北地区出现 8～9 级雷暴大风，内蒙古巴林右旗局地出现 11 级雷暴大风，其中内蒙古东北部、辽宁北部等地局地伴随有冰雹（表 2.17、图 2.17）。

表 2.17　6 月 10 日 05 时—11 日 08 时过程强对流天气实况

最强对流天气实况					
短时强降水			雷暴大风		
位置	雨强/(mm/h)	时间	位置	风速/(m/s)	时间
内蒙古赤峰	32.5	6 月 10 日 14 时	吉林榆树	29	6 月 10 日 13 时
内蒙古通辽	26.4	6 月 10 日 09 时	内蒙古通辽	28	6 月 10 日 15 时
辽宁大连	23.2	6 月 10 日 12 时	内蒙古赤峰	28	6 月 10 日 13 时

续表

分省强对流实况统计/站次						
省份	短时强降水			雷暴大风		冰雹
	≥20 mm/h	≥50 mm/h	≥80 mm/h	≥8 级	≥10 级	
内蒙古	2	0	0	89	15	1
吉林	0	0	0	49	3	0
黑龙江	3	0	0	15	0	0
辽宁	2	0	0	5	0	1

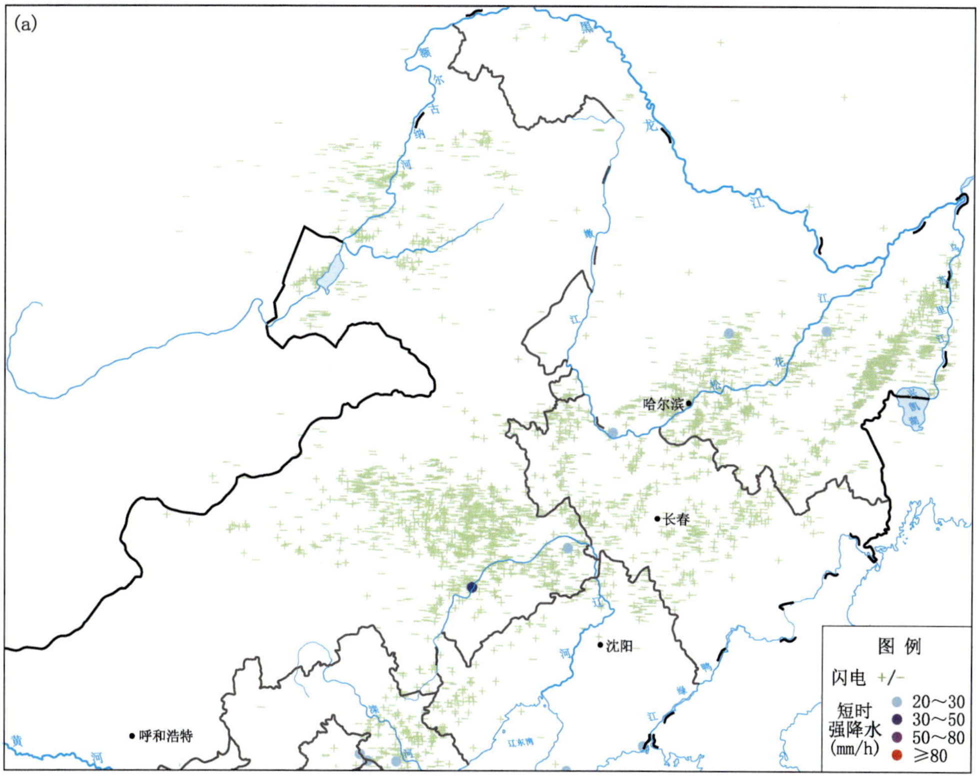

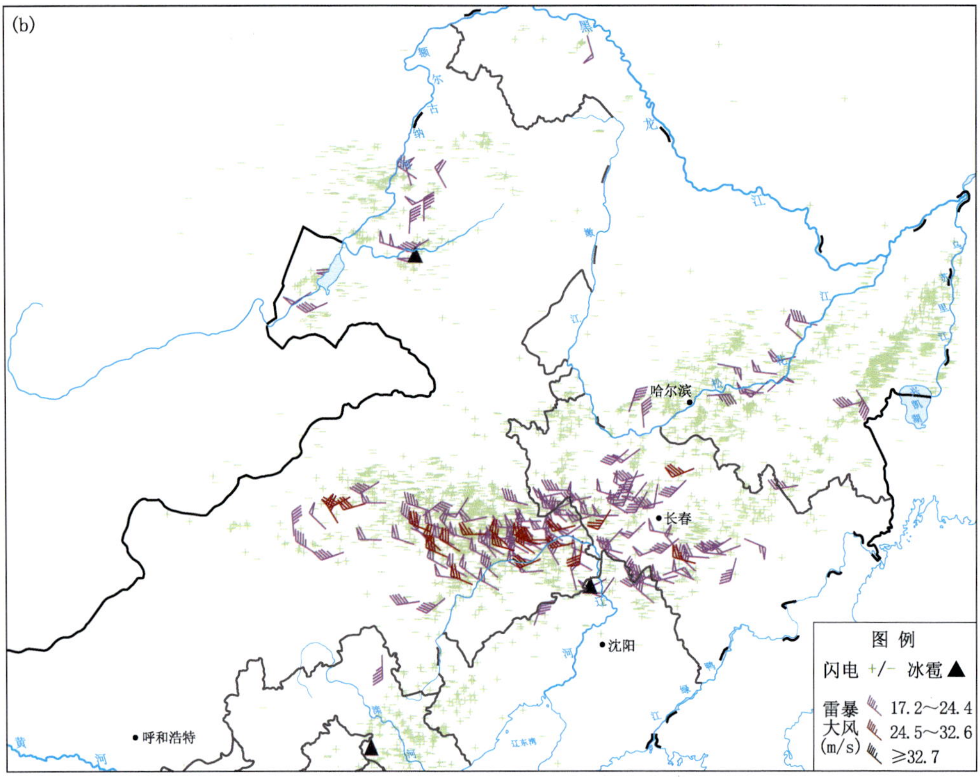

图 2.17　6 月 10 日 05 时—11 日 08 时过程强对流天气实况

(a)闪电和短时强降水；(b)闪电、冰雹和雷暴大风

第 18 次主要强对流天气:6 月 12 日 08 时—13 日 23 时

6 月 12—13 日，受 500 hPa 高空槽和低层切变线共同影响，西南地区东部、江汉、江淮等地出现大范围短时强降水天气，局地伴有雷暴大风和冰雹。对流活动沿切变线在贵州、湖北、安徽、江苏等地触发，逐渐发展加强，表现为线状多单体风暴特征。

地面站观测显示，西南地区东部、江汉、江淮部分地区出现较大范围短时强降水天气，其中贵州、湖南、湖北、安徽等多站小时雨量超过 50 mm，贵州北部最大小时雨量超过 100 mm，湖北东部、安徽中南部、江苏南部等地伴随出现 8～9 级，局地 10 级以上雷暴大风(表 2.18、图 2.18)。

表 2.18　6 月 12 日 08 时—13 日 23 时过程强对流天气实况

最强对流天气实况					
短时强降水			雷暴大风		
位置	雨强/(mm/h)	时间	位置	风速/(m/s)	时间
贵州黔西	108.1	6 月 13 日 03 时	安徽滁州	26	6 月 12 日 15 时
湖北监利	77.1	6 月 13 日 23 时	江苏南通	25	6 月 13 日 22 时
贵州贵阳	76.8	6 月 13 日 22 时	江苏苏州	24	6 月 13 日 22 时

续表

分省强对流实况统计/站次						
省份	短时强降水			雷暴大风		冰雹
	≥20 mm/h	≥50 mm/h	≥80 mm/h	≥8 级	≥10 级	
湖北	90	3	0	7	0	1
安徽	87	2	0	24	1	1
江苏	85	4	0	25	1	0
贵州	61	10	1	2	0	0
湖南	36	3	0	1	0	1
重庆	24	0	0	1	0	0

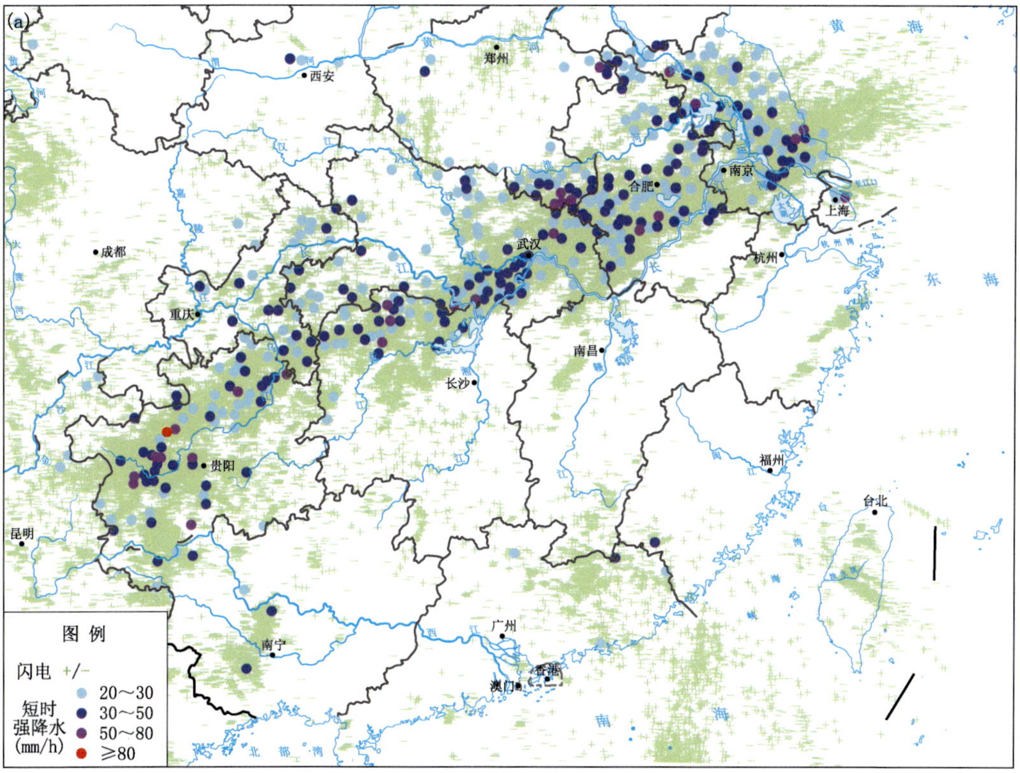

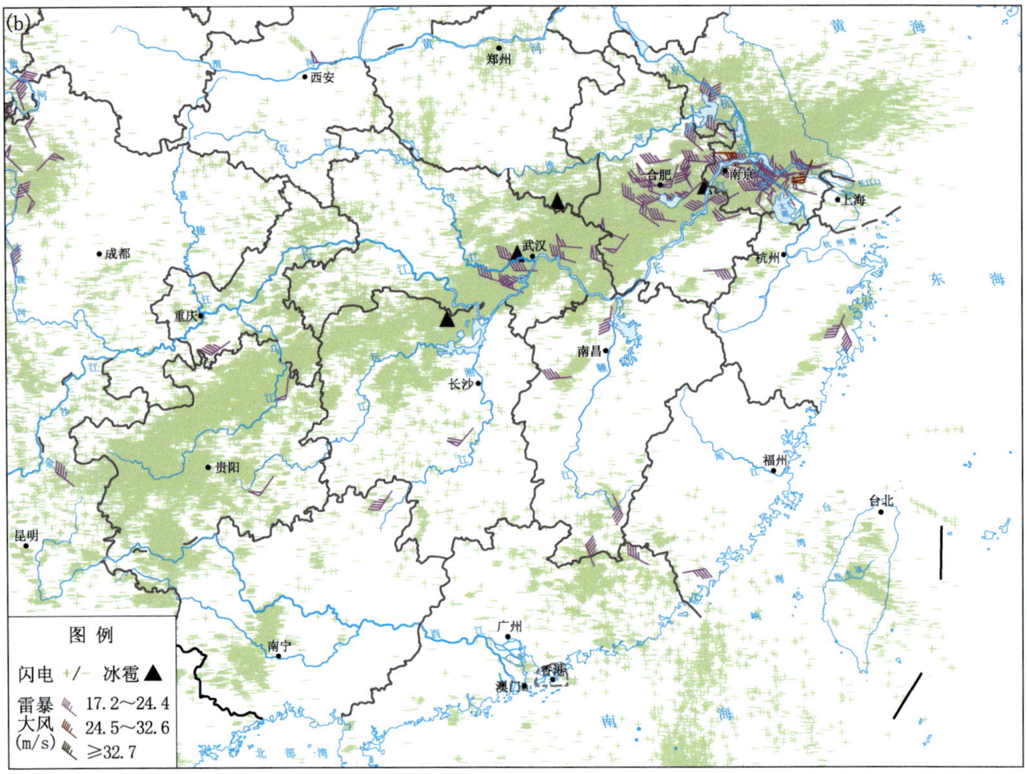

图 2.18　6 月 12 日 08 时—13 日 23 时过程强对流天气实况
(a)闪电和短时强降水；(b)闪电、冰雹和雷暴大风

第 19 次主要强对流天气：6 月 13 日 08 时—14 日 20 时

6 月 13—14 日，受 500 hPa 高空冷涡和低层切变线共同影响，内蒙古东部、华北北部、东北地区等地出现较大范围雷暴大风和短时强降水天气，局地伴有冰雹。对流活动在内蒙古东部触发，逐渐向东移动并发展，表现为线状多单体风暴特征。

地面站观测显示，内蒙古中东部、黑龙江、吉林、辽宁西部等地出现较大范围 8～9 级雷暴大风和 20～40 mm/h 的短时强降水天气，黑龙江东部和南部局地伴随出现冰雹（表 2.19、图 2.19）。

表 2.19　6 月 13 日 08 时—14 日 20 时过程强对流天气实况

最强对流天气实况					
短时强降水			雷暴大风		
位置	雨强/(mm/h)	时间	位置	风速/(m/s)	时间
黑龙江巴彦	45.1	6 月 14 日 08 时	黑龙江鸡西	27	6 月 14 日 02 时
黑龙江五常	34.0	6 月 13 日 21 时	吉林松原	26	6 月 13 日 18 时
黑龙江伊春	32.8	6 月 14 日 13 时	吉林榆树	26	6 月 13 日 20 时

续表

分省强对流实况统计/站次						
省份	短时强降水			雷暴大风		冰雹
	≥20 mm/h	≥50 mm/h	≥80 mm/h	≥8 级	≥10 级	
吉林	8	0	0	38	3	0
辽宁	2	0	0	23	0	0
内蒙古	3	0	0	37	0	0
黑龙江	17	0	0	32	2	1
河北	0	0	0	3	0	0

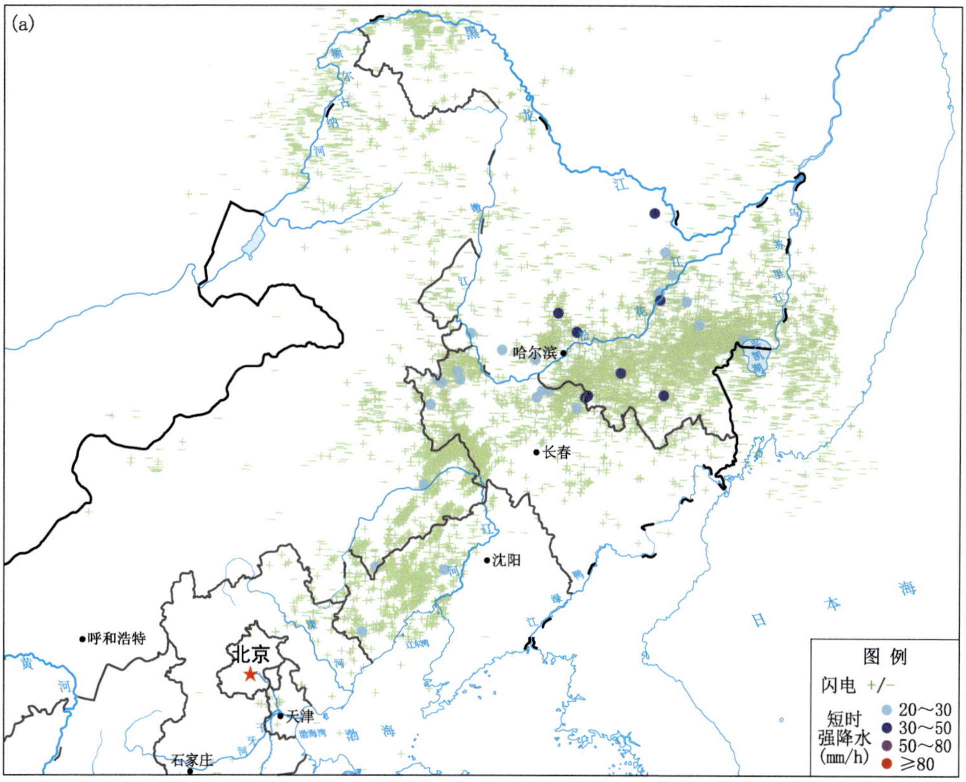

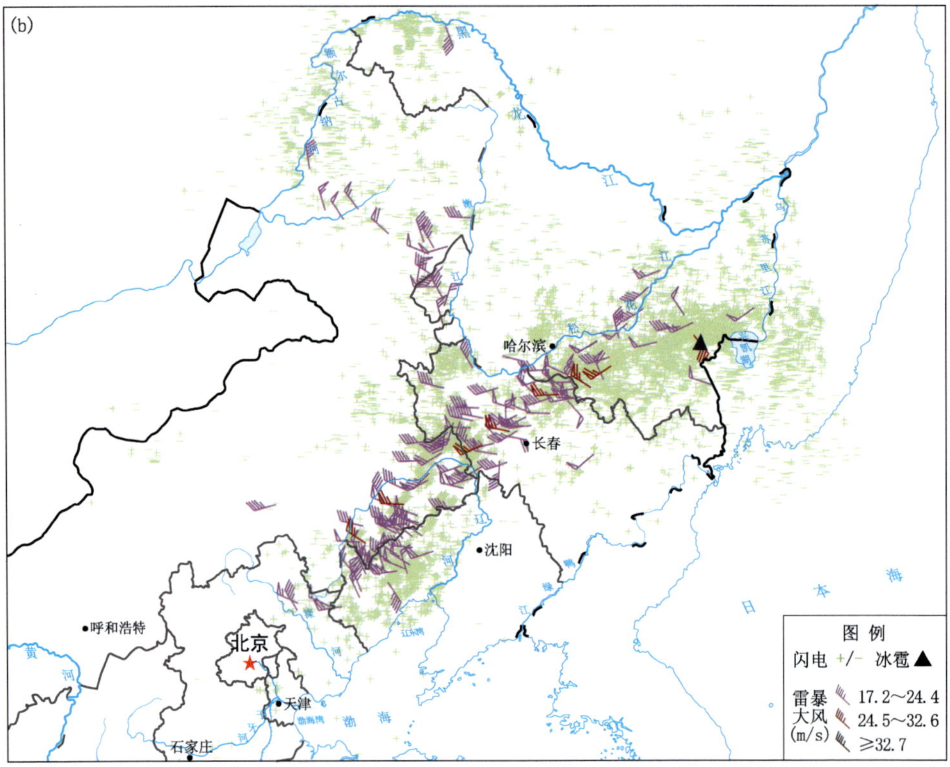

图 2.19　6 月 13 日 08 时—14 日 20 时过程强对流天气实况
(a)闪电和短时强降水；(b)闪电、冰雹和雷暴大风

第 20 次主要强对流天气:6 月 15 日 02 时—16 日 02 时

6 月 15—16 日，受副热带高压和低层暖式切变线共同影响，江汉、江淮等地出现较大范围短时强降水天气，局地伴有雷暴大风和冰雹。对流活动在安徽中部、江苏南部等地触发，逐渐发展加强为多单体对流风暴，对流系统在江淮地区呈东西向带状分布，随引导气流向东移动，西侧不断有新单体生成并发展，具有“后向传播”和“列车效应”等特征。

地面站观测显示，湖北中东部、安徽、江苏以及浙江中东部等地出现较大范围短时强降水天气，其中湖北、安徽、江苏等多站小时雨量超过 50 mm，局地小时雨量达 80 mm 以上，湖北中东部、安徽南部局地伴随出现 8～9 级雷暴大风和冰雹（表 2.20、图 2.20）。

表 2.20　6 月 15 日 02 时—16 日 02 时过程强对流天气实况

最强对流天气实况					
短时强降水			雷暴大风		
位置	雨强/(mm/h)	时间	位置	风速/(m/s)	时间
安徽繁昌	88.7	6 月 15 日 13 时	安徽黄山	21	6 月 15 日 08 时
江苏灌南	69.3	6 月 15 日 18 时	浙江三门	20	6 月 15 日 15 时
河南信阳	65.5	6 月 15 日 21 时	江苏常州	19	6 月 15 日 10 时

续表

分省强对流实况统计/站次						
省份	短时强降水			雷暴大风		冰雹
	≥20 mm/h	≥50 mm/h	≥80 mm/h	≥8 级	≥10 级	
安徽	74	9	1	1	0	2
江苏	51	1	0	1	0	0
上海	14	0	0	0	0	0
湖北	22	2	0	1	0	1
浙江	20	0	0	3	0	0
河南	13	1	0	0	0	1

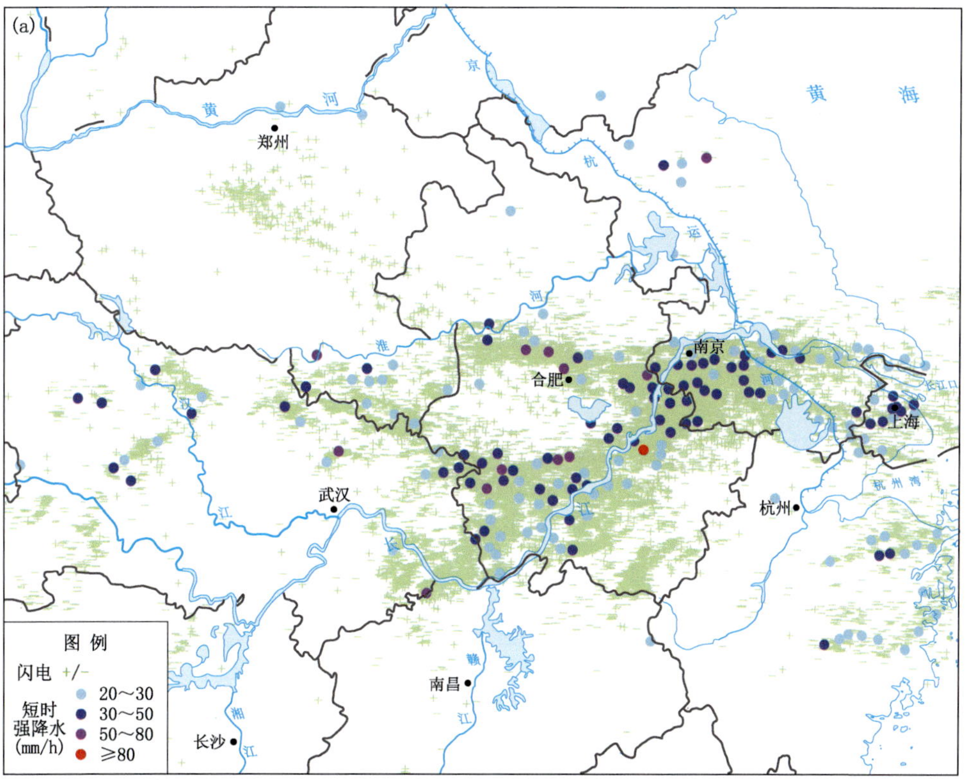

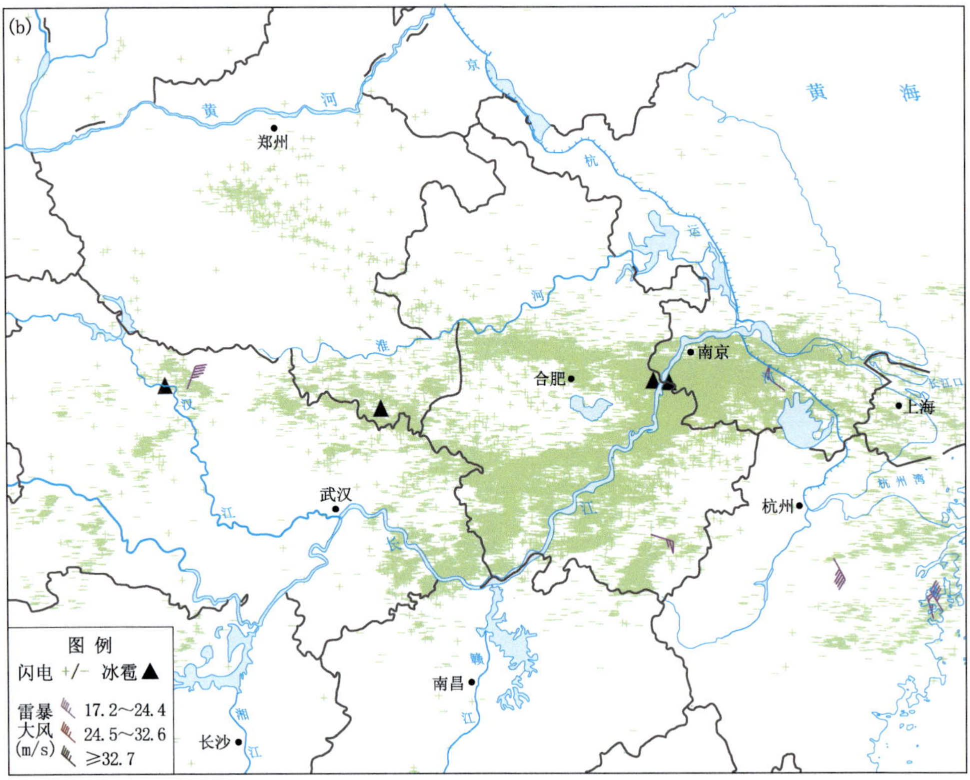

图 2.20　6 月 15 日 02 时—16 日 02 时过程强对流天气实况
(a)闪电和短时强降水；(b)闪电、冰雹和雷暴大风

第 21 次主要强对流天气:6 月 16 日 20 时—18 日 08 时

6 月 16—18 日，受 500 hPa 高空槽和低层低涡共同影响，西南地区东部等地出现短时强降水天气，局地伴有雷暴大风。对流活动在四川东部、重庆西南部等地触发，17 日凌晨逐渐发展加强，对流系统表现为多单体风暴特征。

地面站观测显示，四川中东部、重庆、贵州、湖北西南部等地出现较大范围短时强降水天气，多站小时雨量超过 50 mm；四川中东部、贵州北部等地伴随出现 8～9 级雷暴大风，局地达 10 级以上(表 2.21、图 2.21)。

表 2.21　6 月 16 日 20 时—18 日 08 时过程强对流天气实况

最强对流天气实况					
短时强降水			雷暴大风		
位置	雨强/(mm/h)	时间	位置	风速/(m/s)	时间
贵州六盘水	72.0	6 月 18 日 00 时	四川金川	29	6 月 16 日 22 时
重庆双泉	61.1	6 月 15 日 18 时	四川红原	29	6 月 16 日 21 时
四川西昌	58.0	6 月 17 日 23 时	四川丹巴	27	6 月 17 日 00 时

续表

分省强对流实况统计/站次						
省份	短时强降水			雷暴大风		冰雹
	≥20 mm/h	≥50 mm/h	≥80 mm/h	≥8 级	≥10 级	
重庆	27	2	0	1	0	0
四川	50	1	0	28	4	0
贵州	46	2	0	3	0	0
湖北	27	2	0	0	0	0

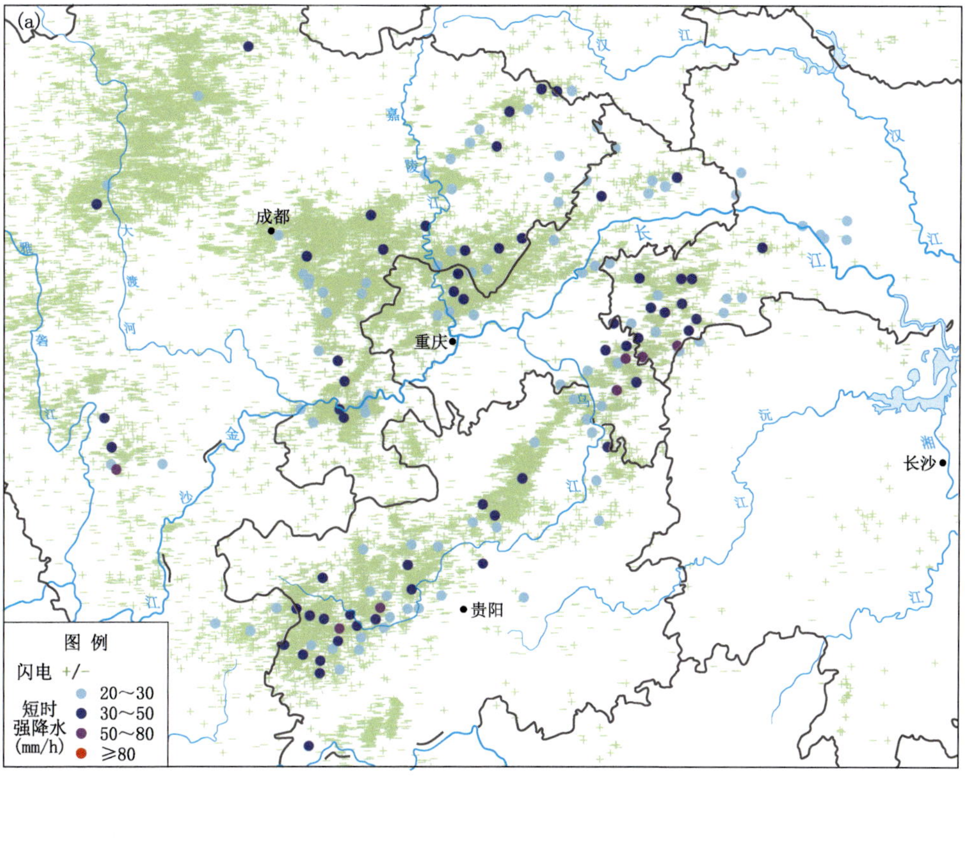

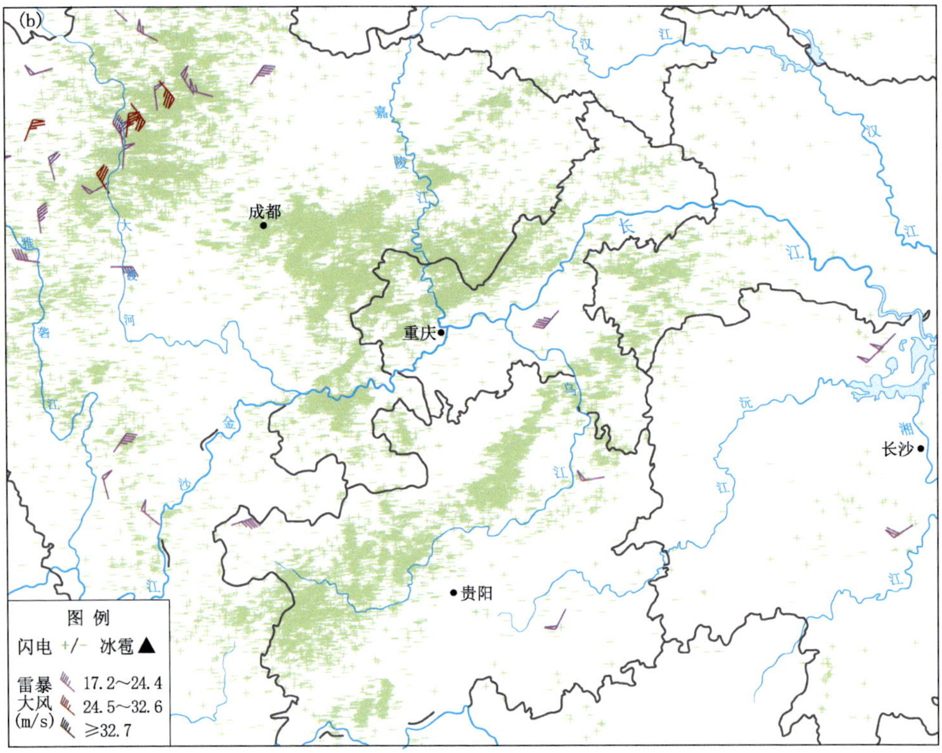

图 2.21　6 月 16 日 20 时—18 日 08 时过程强对流天气实况
(a)闪电和短时强降水；(b)闪电、冰雹和雷暴大风

第 22 次主要强对流天气:6 月 23 日 17 时—26 日 02 时

6 月 23—26 日，受 500 hPa 高空槽、低层切变线和低空急流共同影响，西南地区东部、江南、华南等地出现大范围短时强降水天气，局地伴有雷暴大风和冰雹。对流活动在贵州中南部、湖南中部、广西北部等地触发，东移南下过程中逐渐发展加强，湖南、江西等地对流系统表现为多单体风暴特征，24 日傍晚至夜间广西对流系统发展为飑线。

地面站观测显示，西南地区东部、江南、华南等地区出现大范围短时强降水天气，其中贵州、江西、广西等多站小时雨量超过 50 mm，贵州黔南州最大小时雨量达 112 mm，江西南部、福建南部和东部、广西中东部、广东中北部等地伴随出现 8～9 级雷暴大风和冰雹(表 2.22、图 2.22)。

表 2.22　6 月 23 日 17 时—26 日 02 时过程强对流天气实况

最强对流天气实况					
短时强降水			雷暴大风		
位置	雨强/(mm/h)	时间	位置	风速/(m/s)	时间
贵州黔南	112.0	6 月 24 日 02 时	福建罗源	28	6 月 25 日 16 时
贵州三都	84.4	6 月 24 日 09 时	江西抚州	23	6 月 24 日 19 时
广西德保	74.6	6 月 25 日 01 时	广东连州	23	6 月 24 日 19 时

续表

分省强对流实况统计/站次						
省份	短时强降水			雷暴大风		冰雹
	≥20 mm/h	≥50 mm/h	≥80 mm/h	≥8 级	≥10 级	
广西	165	12	0	8	0	1
江西	128	4	0	17	0	4
贵州	56	10	2	1	0	0
广东	53	2	0	14	0	2
湖南	69	1	0	2	0	0
福建	39	0	0	14	1	3

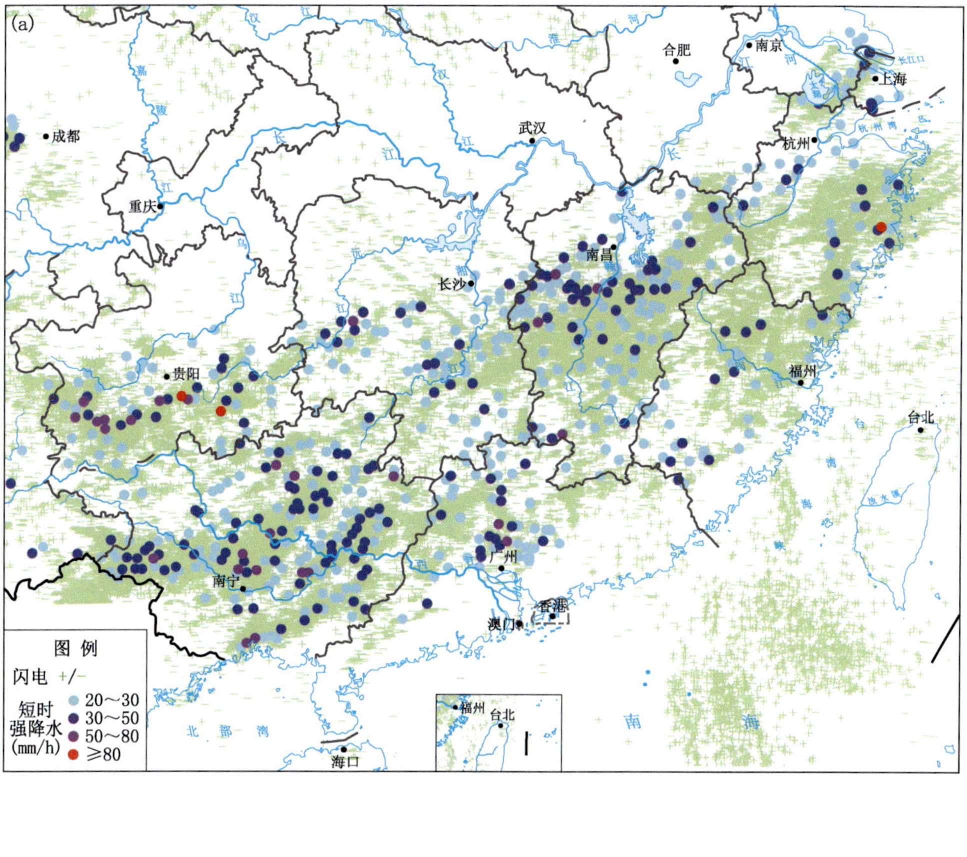

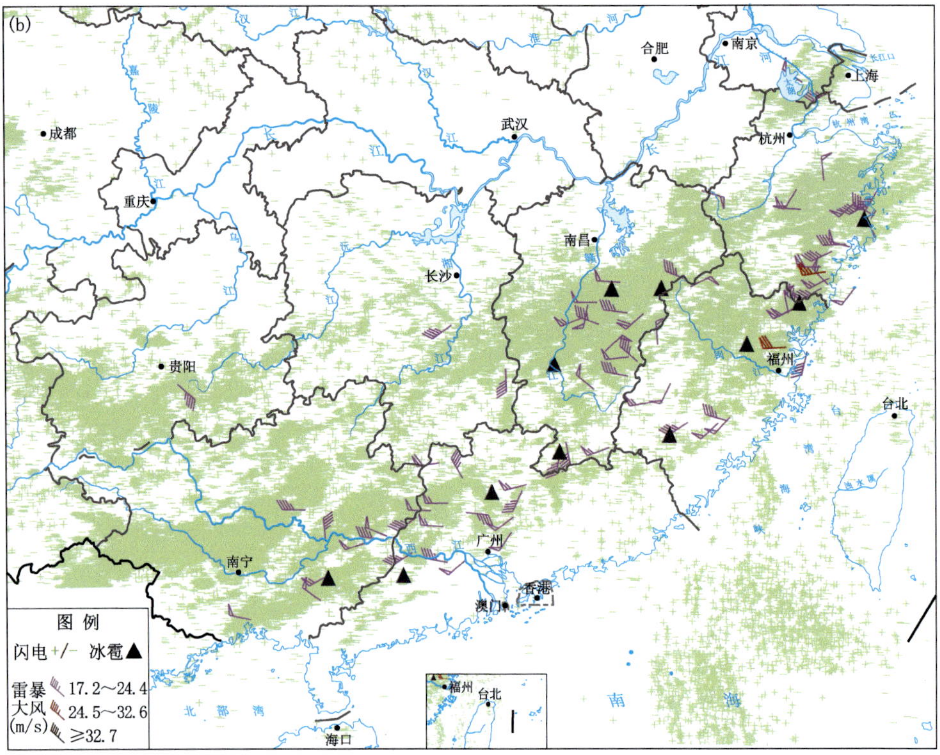

图 2.22　6 月 23 日 17 时—26 日 02 时过程强对流天气实况
(a)闪电和短时强降水；(b)闪电、冰雹和雷暴大风

第 23 次主要强对流天气：6 月 24 日 11 时—26 日 08 时

6 月 24—26 日，受 500 hPa 高空冷涡和低层切变线共同影响，西北地区东部、华北、黄淮北部等地出现大范围雷暴大风和短时强降水天气，局地伴有冰雹。对流活动在内蒙古中南部、陕西北部等地触发，东移过程中逐渐发展加强，表现为线状多单体风暴特征，其中，24 日在河北中南部发展为飑线，25 日河北东部、山东西部出现超级单体。

地面站观测显示，西北地区东部、华北等地出现较大范围雷暴大风和短时强降水天气，其中 24 日下午内蒙古锡林浩特出现弱龙卷，25 日下午河北保定、蠡县、沧州等多地发生冰雹天气；陕西北部、山西、河北、河南北部、山东等部分站点最大风力达 10～12 级（表 2.23、图 2.23）。

表 2.23　6 月 24 日 11 时—26 日 08 时过程强对流天气实况

最强对流天气实况					
短时强降水			雷暴大风		
位置	雨强/(mm/h)	时间	位置	风速/(m/s)	时间
山西平顺	92.1	6 月 24 日 20 时	天津滨海新区	30	6 月 26 日 00 时
山东商河	64.1	6 月 26 日 04 时	山西乡宁	29	6 月 24 日 18 时
河北承德	55.2	6 月 25 日 03 时	山西蒲县	29	6 月 24 日 17 时

续表

分省强对流实况统计/站次						
省份	短时强降水			雷暴大风		冰雹
	≥20 mm/h	≥50 mm/h	≥80 mm/h	≥8 级	≥10 级	
山西	8	1	1	139	20	1
内蒙古	3	0	0	83	8	0
河北	37	1	0	69	4	9
陕西	7	0	0	40	4	0
河南	4	0	0	40	3	2
天津	8	0	0	3	2	0
山东	46	1	0	14	1	2
北京	6	0	0	4	0	1

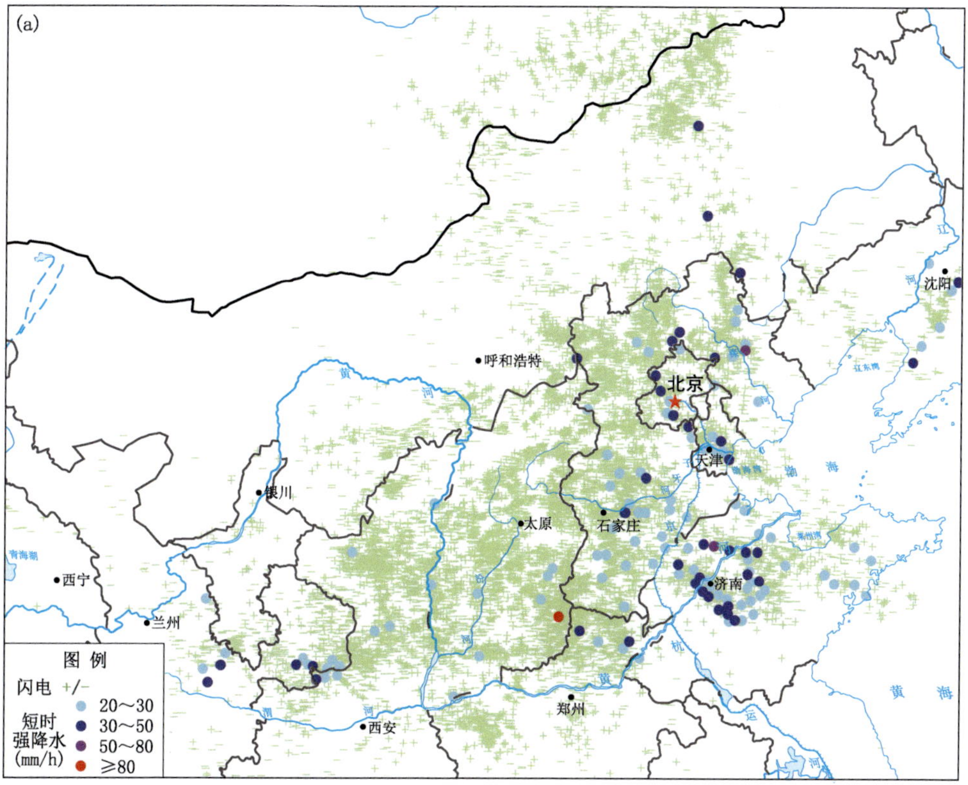

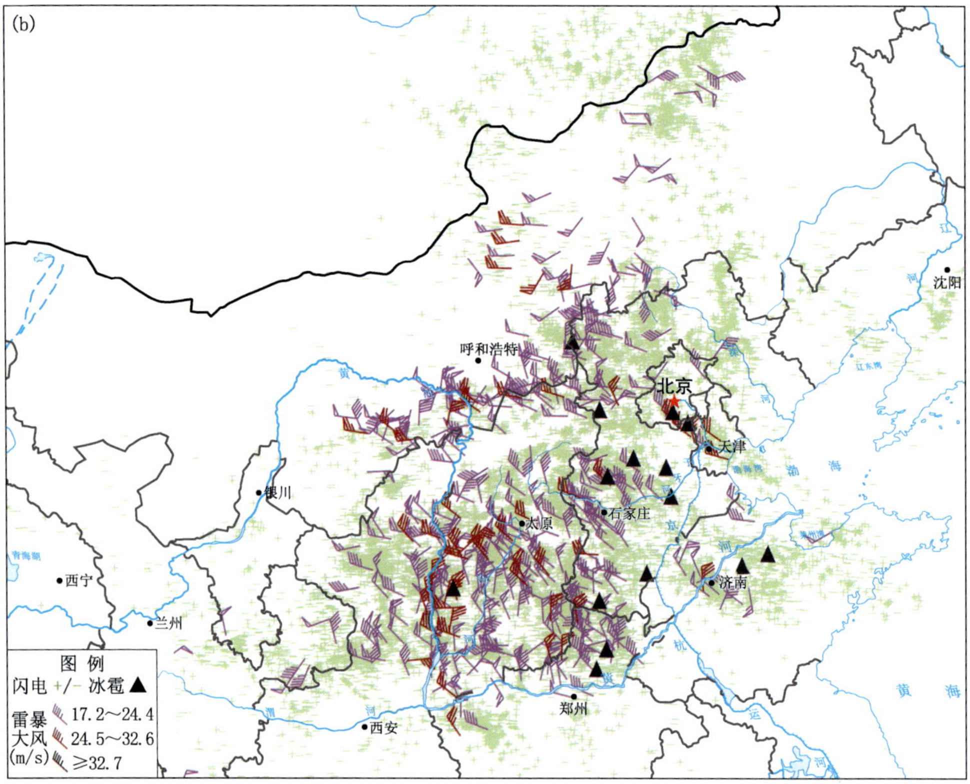

图 2.23　6 月 24 日 11 时—26 日 08 时过程强对流天气实况
(a)闪电和短时强降水；(b)闪电、冰雹和雷暴大风

第 24 次主要强对流天气:6 月 26 日 14 时—28 日 14 时

6 月 26—28 日，受 500 hPa 高空槽和低层低涡系统及低空急流共同影响，西南地区东部、江汉、江淮等地出现较大范围短时强降水天气，局地伴有雷暴大风和冰雹。对流活动在湖北中部、安徽南部等地触发，随低涡的发展逐渐加强，表现为与低涡系统相对应的“人”字形回波特征。

地面站观测显示，西南地区东部、江汉、江淮部分地区出现较大范围短时强降水天气，其中，四川中东部、湖北中东部、安徽南部、江苏南部等多站小时雨量超过 50 mm，局地小时雨量超过 80 mm。安徽中南部、江苏南部等地伴随出现 8～9 级雷暴大风和冰雹(表 2.24、图 2.24)。

表 2.24　6 月 26 日 14 时—28 日 14 时过程强对流天气实况

最强对流天气实况					
短时强降水			雷暴大风		
位置	雨强/(mm/h)	时间	位置	风速/(m/s)	时间
湖北宜昌	98.8	6 月 27 日 13 时	四川炉霍	27	6 月 26 日 18 时
安徽合肥	98.5	6 月 27 日 16 时	四川色达	24	6 月 26 日 17 时
湖北远安	75.2	6 月 27 日 11 时	重庆黔江	23	6 月 27 日 11 时

续表

分省强对流实况统计/站次						
省份	短时强降水			雷暴大风		冰雹
	≥20 mm/h	≥50 mm/h	≥80 mm/h	≥8 级	≥10 级	
湖北	103	9	1	1	0	0
安徽	56	6	1	2	0	0
江苏	52	1	0	0	0	2
重庆	47	2	1	3	0	0
河南	42	2	0	1	0	1
四川	36	2	0	14	1	0
上海	9	0	0	0	0	0

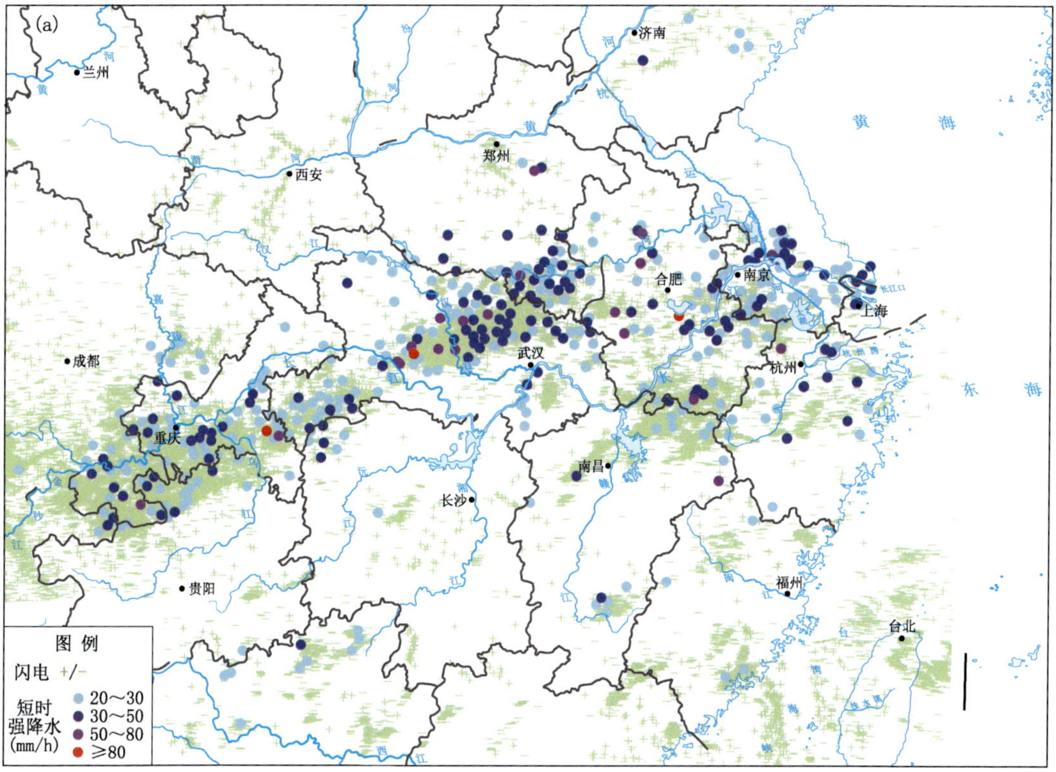

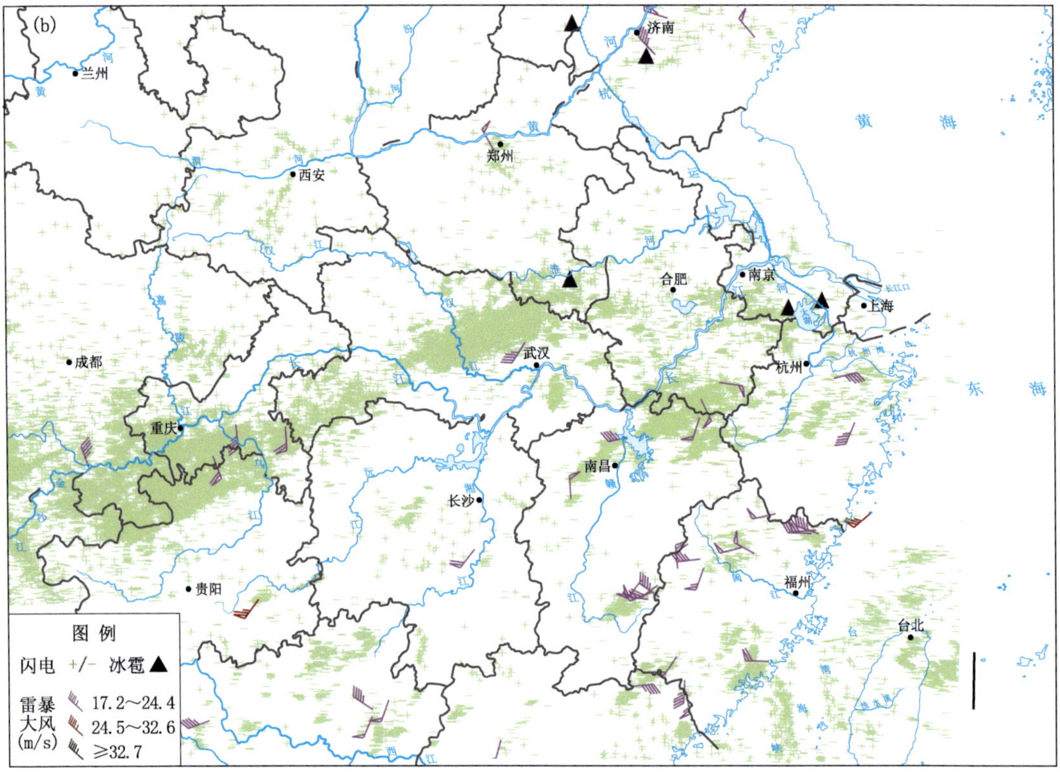

图 2.24　6 月 26 日 14 时—28 日 14 时过程强对流天气实况
(a)闪电和短时强降水；(b)闪电、冰雹和雷暴大风

第 25 次主要强对流天气：7 月 1 日 02 时—4 日 02 时

7 月 1—4 日，受 500 hPa 高空槽东移，低层切变系统以及西南低涡影响，西南地区南部及江南出现短时强降水为主的强对流天气。对流活动在湖南等地触发，向东移动，逐渐发展加强，其中，湖北、安徽等地出现多单体风暴。

地面站观测显示，西南地区以及江南出现较大范围短时强降水天气，并伴有雷暴大风，局地小时雨量超过 80 mm(表 2.25、图 2.25)。

表 2.25　7 月 1 日 02 时—4 日 02 时过程强对流天气实况

最强对流天气实况					
短时强降水			雷暴大风		
位置	雨强/(mm/h)	时间	位置	风速/(m/s)	时间
江西南昌	82.2	7 月 3 日 17 时	云南镇沅	23	7 月 1 日 22 时
江西新余	78.2	7 月 3 日 18 时	云南文山	22	7 月 1 日 15 时
云南澄江	72.8	7 月 2 日 01 时	湖南武冈	22	7 月 2 日 18 时

续表

分省强对流实况统计/站次						
省份	短时强降水			雷暴大风		冰雹
	≥20 mm/h	≥50 mm/h	≥80 mm/h	≥8 级	≥10 级	
江西	113	9	1	23	0	7
贵州	111	4	0	3	0	0
湖北	88	9	0	5	0	0
浙江	68	3	0	5	0	1
安徽	60	5	1	2	0	0
上海	8	0	0	0	0	0
云南	104	7	0	5	0	0
湖南	102	9	0	5	0	2

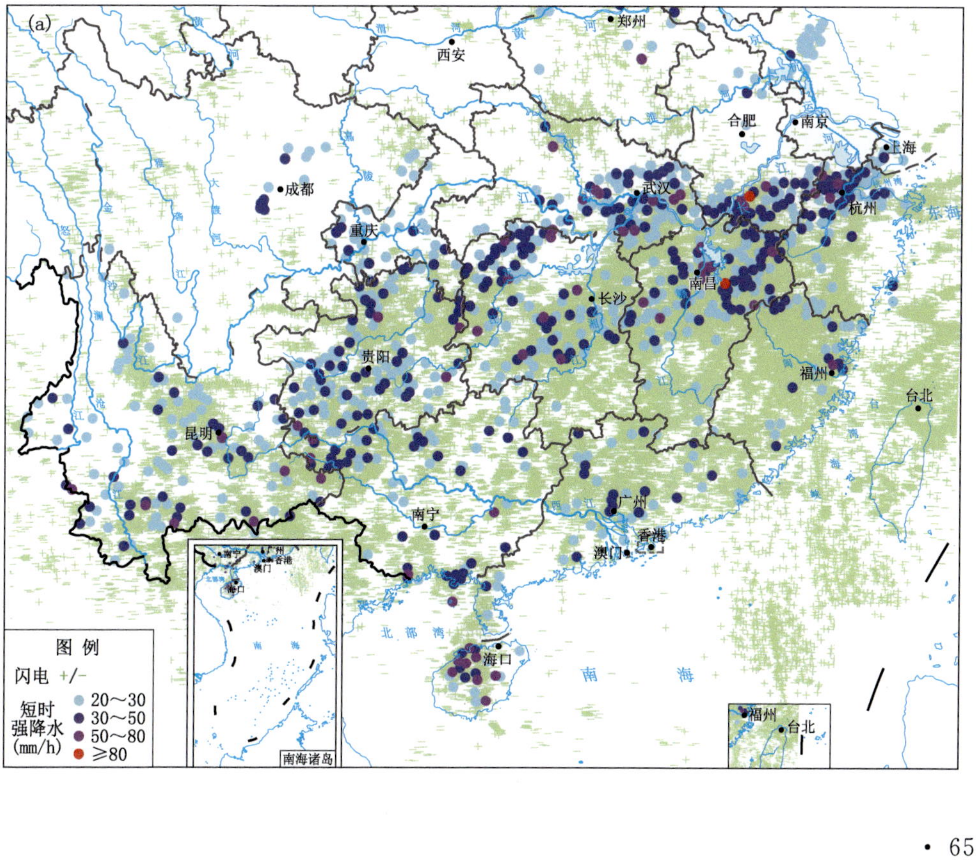

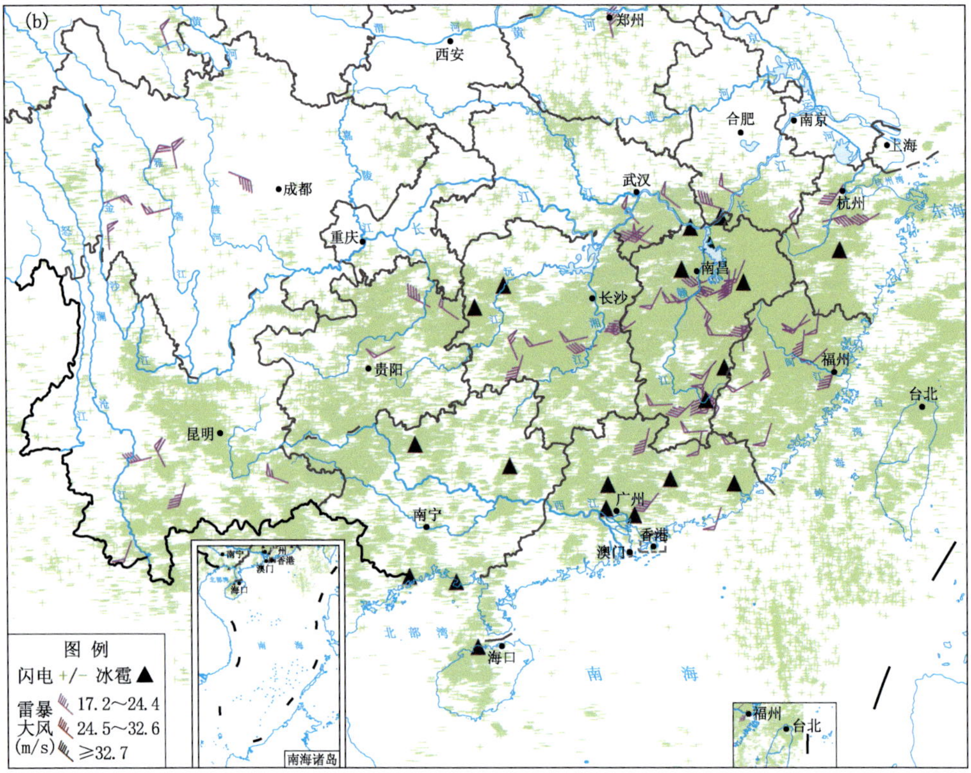

图 2.25　7 月 1 日 02 时—4 日 02 时过程强对流天气实况

(a)闪电和短时强降水；(b)闪电、冰雹和雷暴大风

第 26 次主要强对流天气:7 月 2 日 08 时—3 日 08 时

7 月 2—3 日，500 hPa 高空槽东移，配合低层偏南暖湿气流共同影响华北、黄淮等地。对流活动在华北西部等地触发，在东移过程中逐渐发展加强；其中，山西、河北、山东等地出现多单体风暴。

地面站观测显示，华北、黄淮等地出现大范围雷暴大风和短时强降水天气，局地雷暴大风风力达到 11 级以上，多站次小时雨量超过 50 mm，河北等地局地伴随冰雹（表 2.26、图 2.26）。

表 2.26　7 月 2 日 08 时—3 日 08 时过程强对流天气实况

最强对流天气实况					
短时强降水			雷暴大风		
位置	雨强/(mm/h)	时间	位置	风速/(m/s)	时间
山东巨野	83.9	7 月 2 日 19 时	河北雄县	29	7 月 2 日 15 时
河北邯郸	66.7	7 月 2 日 13 时	河北海兴	25	7 月 2 日 19 时
山东菏泽	64.1	7 月 2 日 17 时	山东文登	22	7 月 2 日 15 时

续表

分省强对流实况统计/站次						
省份	短时强降水			雷暴大风		冰雹
	≥20 mm/h	≥50 mm/h	≥80 mm/h	≥8 级	≥10 级	
北京	10	0	0	0	0	0
山东	27	4	1	2	0	1
河北	24	2	0	7	2	3
山西	8	0	0	1	0	0
河南	4	0	0	3	0	1

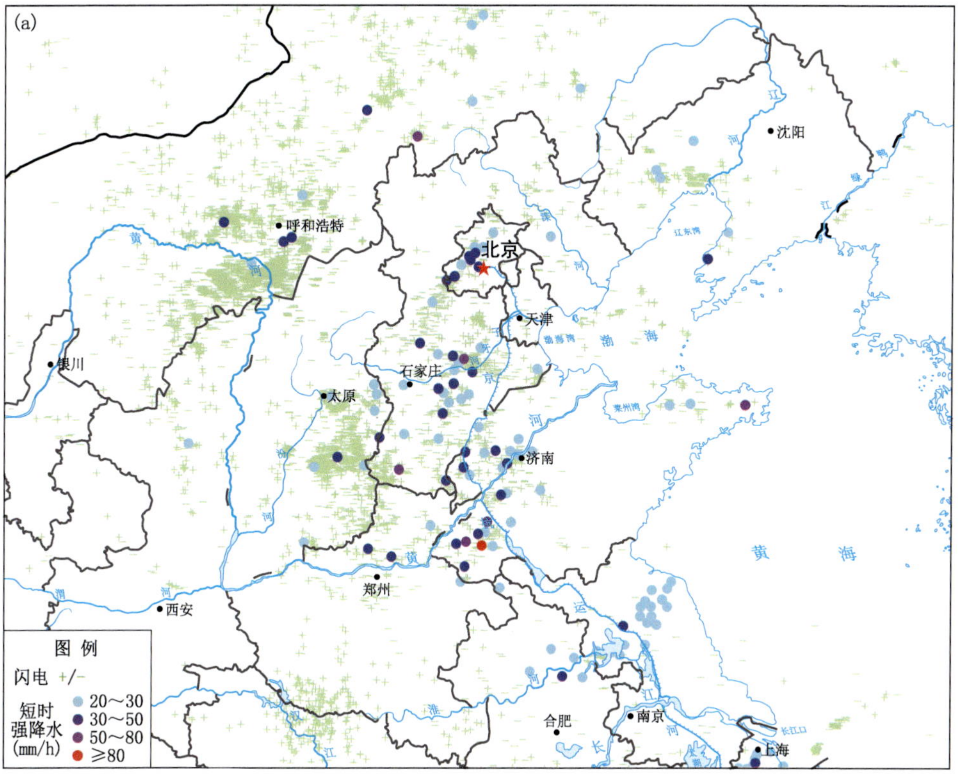

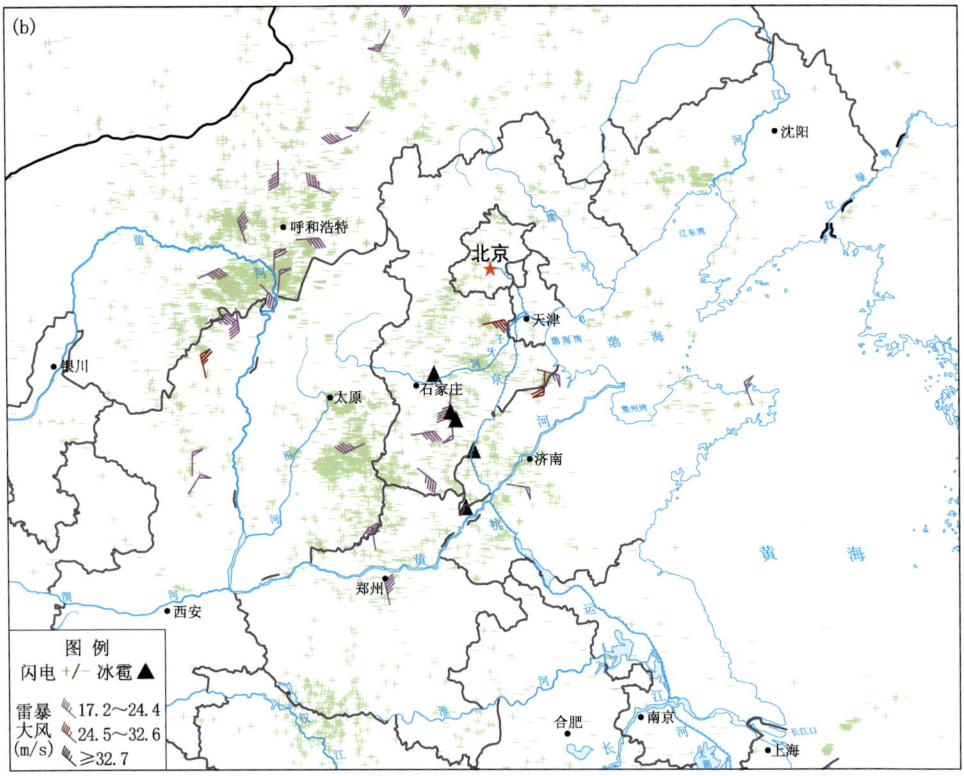

图 2.26　7 月 2 日 08 时—3 日 08 时过程强对流天气实况
(a)闪电和短时强降水；(b)闪电、冰雹和雷暴大风

第 27 次主要强对流天气：7 月 5 日 11 时—6 日 08 时

7 月 5—6 日，受 500 hPa 高空槽与低层切变线共同影响，华北、黄淮北部等地出现混合性的强对流天气。对流活动在华北北部触发，向南移动过程中加强，呈线状影响山西、河北、山东北部。

地面站观测显示，华北、黄淮等地出现大范围 30～50 mm/h 短时强降水和 8～10 级雷暴大风天气，内蒙古、河北、山西等地局地雷暴大风风力超过 11 级，并伴随冰雹天气(表 2.27、图 2.27)。

表 2.27　7 月 5 日 11 时—6 日 08 时过程强对流天气实况

最强对流天气实况					
短时强降水			雷暴大风		
位置	雨强/(mm/h)	时间	位置	风速/(m/s)	时间
河北遵化	64.0	7 月 5 日 19 时	河北安新	29	7 月 5 日 18 时
北京密云	52.9	7 月 5 日 15 时	河北元氏	29	7 月 5 日 19 时
天津滨海新区	46.3	7 月 5 日 22 时	山西太原	29	7 月 5 日 18 时

续表

分省强对流实况统计/站次						
省份	短时强降水			雷暴大风		冰雹
	≥20 mm/h	≥50 mm/h	≥80 mm/h	≥8 级	≥10 级	
山西	0	0	0	54	6	0
河北	27	1	0	37	5	2
天津	13	0	0	2	1	0
内蒙古	13	0	0	19	0	1
山东	18	0	0	5	0	1
北京	2	1	0	0	0	0

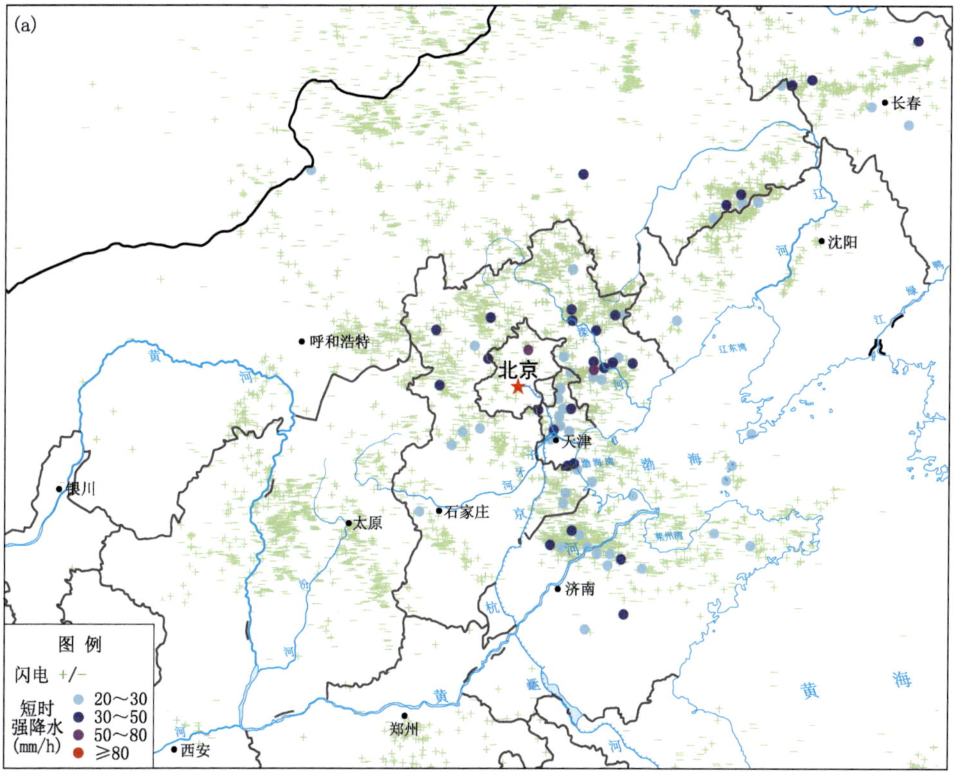

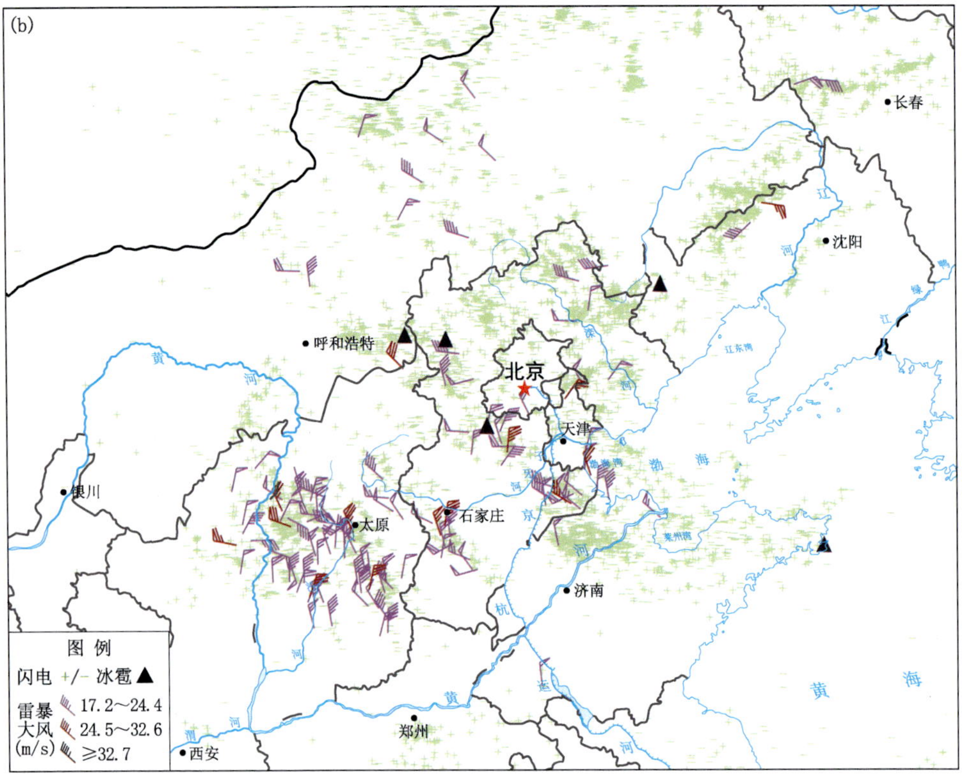

图 2.27　7 月 5 日 11 时—6 日 08 时过程强对流天气实况
(a)闪电和短时强降水；(b)闪电、冰雹和雷暴大风

第 28 次主要强对流天气：7 月 5 日 08 时—10 日 02 时

7 月 5—10 日，受高空槽、副热带高压和低层切变线共同影响，西南地区东部、江南等地不断有对流触发并发展，出现以短时强降水为主的强对流天气。

地面站观测显示，西南地区东部、江南等地出现大范围短时强降水天气，江西、贵州等地局地小时雨量超过 80 mm，并伴随有 8～10 级雷暴大风，江西、湖北等地出现冰雹（表 2.28、图 2.28）。

表 2.28　7 月 5 日 08 时—10 日 02 时过程强对流天气实况

最强对流天气实况					
短时强降水			雷暴大风		
位置	雨强/(mm/h)	时间	位置	风速/(m/s)	时间
贵州务川	103.8	7 月 6 日 00 时	浙江天台	26	7 月 9 日 14 时
贵州松桃	96.2	7 月 8 日 04 时	湖南南岳	25	7 月 8 日 06 时
江西泰和	93.4	7 月 10 日 01 时	湖南郴州	24	7 月 10 日 01 时

续表

分省强对流实况统计/站次						
省份	短时强降水			雷暴大风		冰雹
	≥20 mm/h	≥50 mm/h	≥80 mm/h	≥8 级	≥10 级	
江西	198	28	1	2	0	6
湖北	114	10	0	1	0	2
安徽	102	13	0	3	0	4
上海	19	0	0	2	0	0
贵州	120	8	2	4	0	0
湖南	94	6	0	3	1	0
浙江	72	1	0	2	1	0

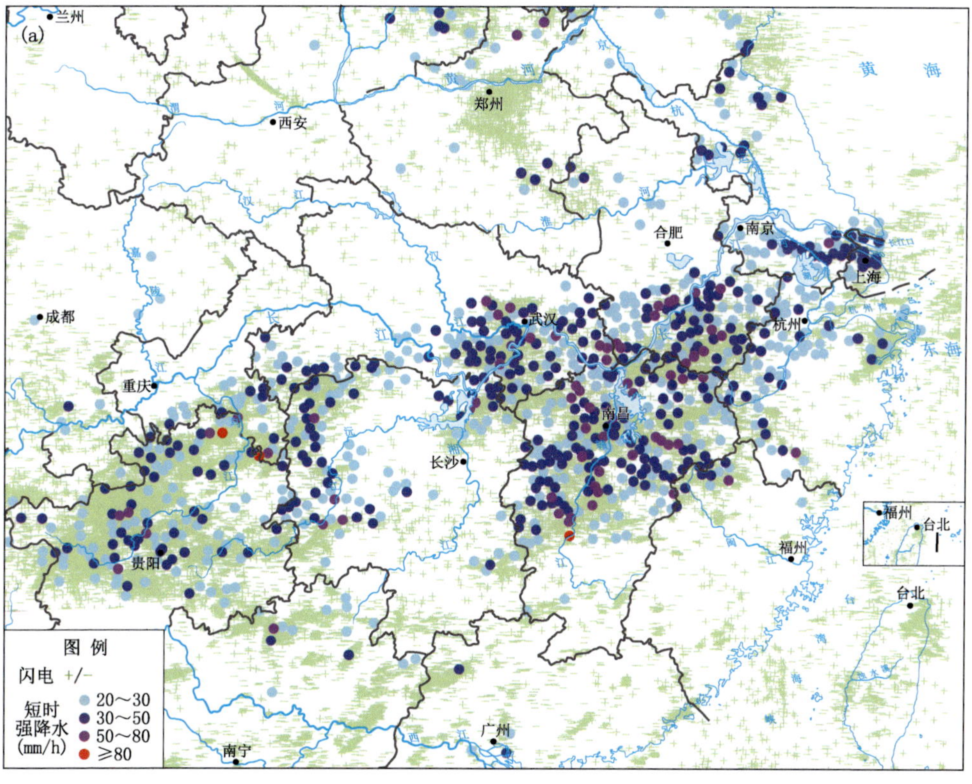

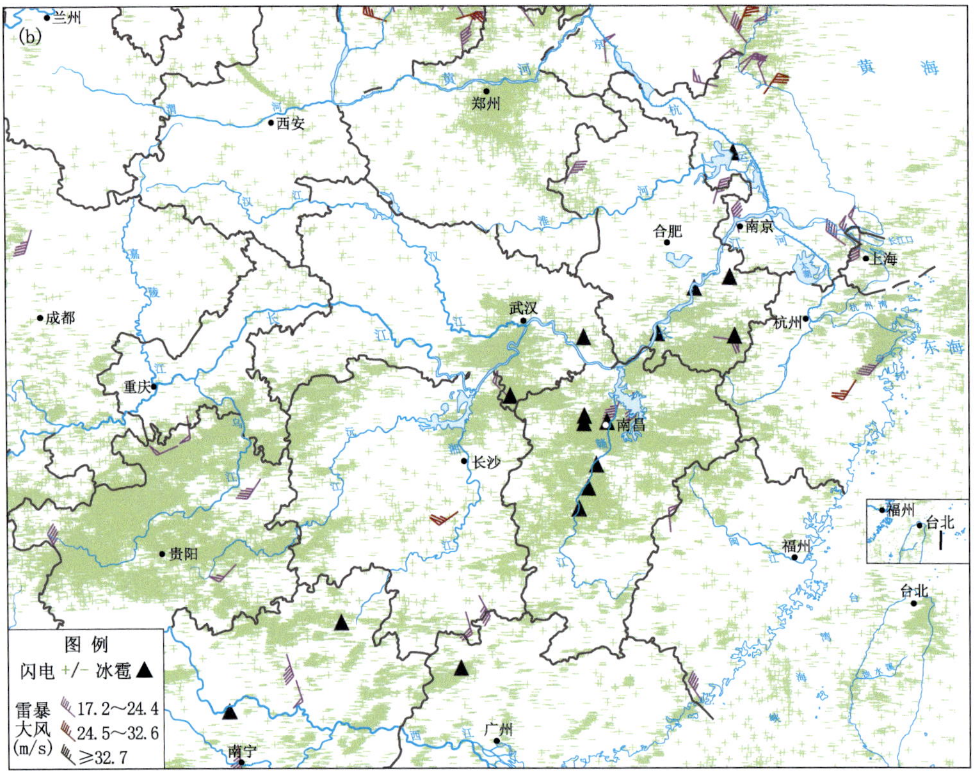

图 2.28　7 月 5 日 08 时—10 日 02 时过程强对流天气实况

(a)闪电和短时强降水；(b)闪电、冰雹和雷暴大风

第 29 次主要强对流天气:7 月 17 日 08 时—19 日 20 时

7 月 17—19 日，高空槽东移，配合低涡和低空急流共同影响，西南地区东部、江汉、江淮、江南北部等地区不断有对流触发并发展。

地面站观测显示，江苏、安徽、河南东南部、湖北南部、湖南西部、贵州出现较大范围雷暴大风和短时强降水，安徽、江苏、贵州局地短时强降水雨强超过 50 mm/h，湖南、贵州和江西局地出现 9～10 级大风(表 2.29、图 2.29)。

表 2.29　7 月 17 日 08 时—19 日 20 时过程强对流天气实况

最强对流天气实况					
短时强降水			雷暴大风		
位置	雨强/(mm/h)	时间	位置	风速/(m/s)	时间
安徽当涂	65.4	7 月 17 日 10 时	贵州黔东南	26	7 月 18 日 22 时
安徽六安	62.3	7 月 18 日 10 时	江西庐山	24	7 月 19 日 01 时
江苏金坛	57.8	7 月 17 日 08 时	安徽黄山	23	7 月 19 日 13 时

续表

分省强对流实况统计/站次						
省份	短时强降水			雷暴大风		冰雹
	≥20 mm/h	≥50 mm/h	≥80 mm/h	≥8 级	≥10 级	
安徽	109	9	0	7	0	1
江苏	73	4	0	19	0	1
贵州	72	3	0	16	1	0
湖南	62	0	0	1	0	0
湖北	60	1	0	0	0	1
江西	13	0	0	3	0	2

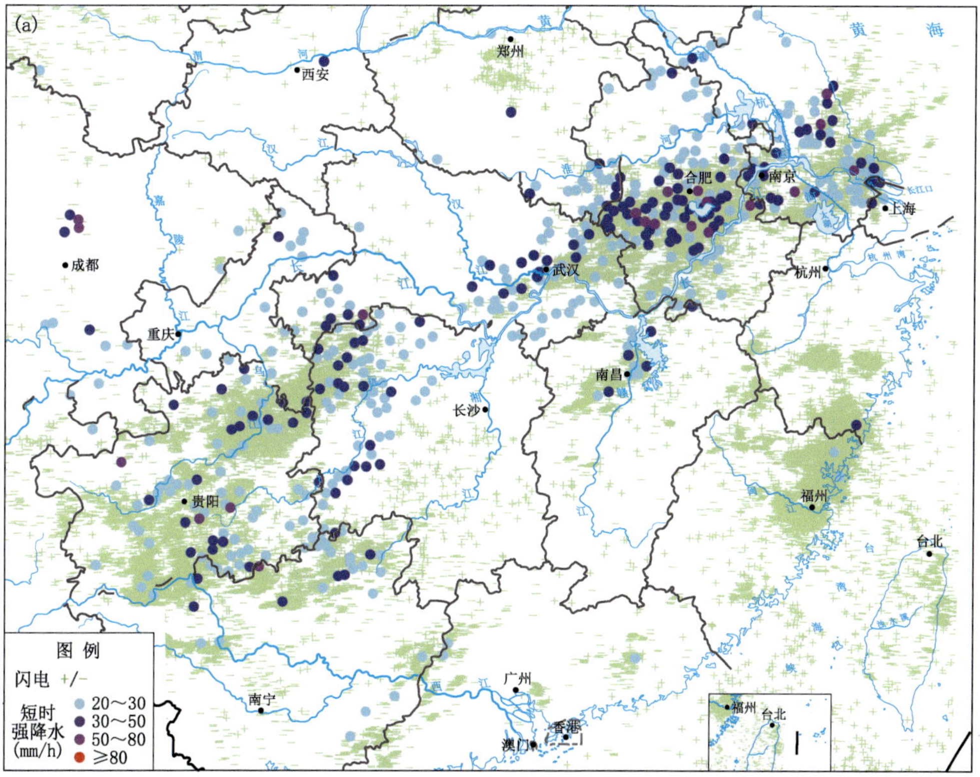

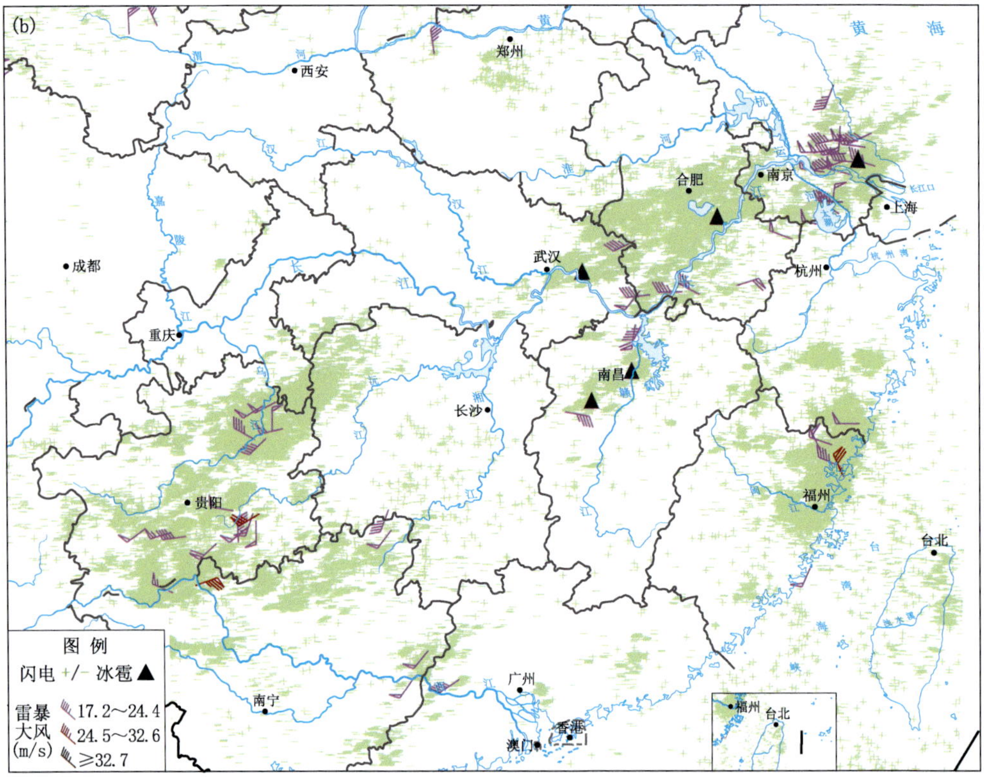

图 2.29　7 月 17 日 08 时—19 日 20 时过程强对流天气实况
(a)闪电和短时强降水；(b)闪电、冰雹和雷暴大风

第 30 次主要强对流天气:7 月 22 日 02 时—23 日 02 时

7 月 22—23 日，500 hPa 副热带高压北界位于 30 °N 附近，低涡发展东移，低层西南急流建立并显著加强，江淮气旋生成。受其影响，我国黄淮地区等不断有对流触发并发展。

地面站观测显示，河南中东部、山东南部、江苏北部、安徽北部等地出现较大范围短时强降水，局地雨强超过 60 mm/h，山东南部、江苏北部及安徽北部等地出现雷暴大风，局地风力达 9 级以上（表 2.30、图 2.30）。

表 2.30　7 月 22 日 02 时—23 日 02 时过程强对流天气实况

最强对流天气实况					
短时强降水			雷暴大风		
位置	雨强/(mm/h)	时间	位置	风速/(m/s)	时间
山东日照	69.4	7 月 22 日 19 时	山东日照	21	7 月 22 日 22 时
江苏响水	68.8	7 月 22 日 23 时	河南虞城	20	7 月 22 日 13 时
山东青岛	62.3	7 月 23 日 01 时	安徽灵璧	19	7 月 22 日 19 时

续表

分省强对流实况统计/站次						
省份	短时强降水			雷暴大风		冰雹
	≥20 mm/h	≥50 mm/h	≥80 mm/h	≥8 级	≥10 级	
山东	113	7	0	1	0	0
河南	80	1	0	1	0	0
江苏	49	1	0	2	0	0
安徽	14	0	0	2	0	0

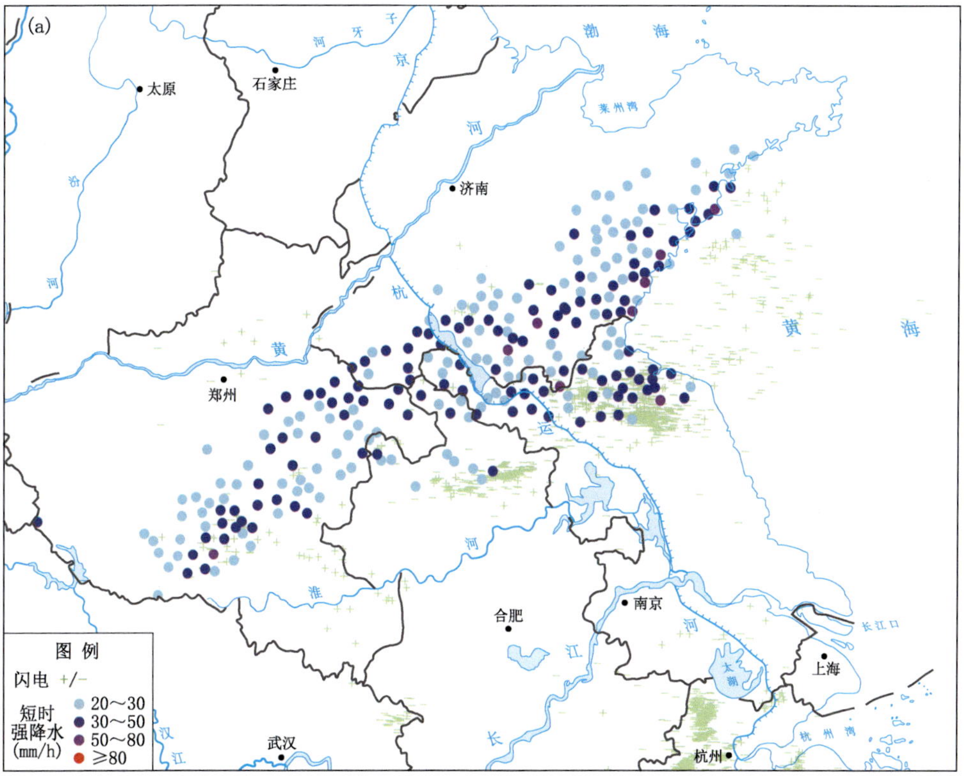

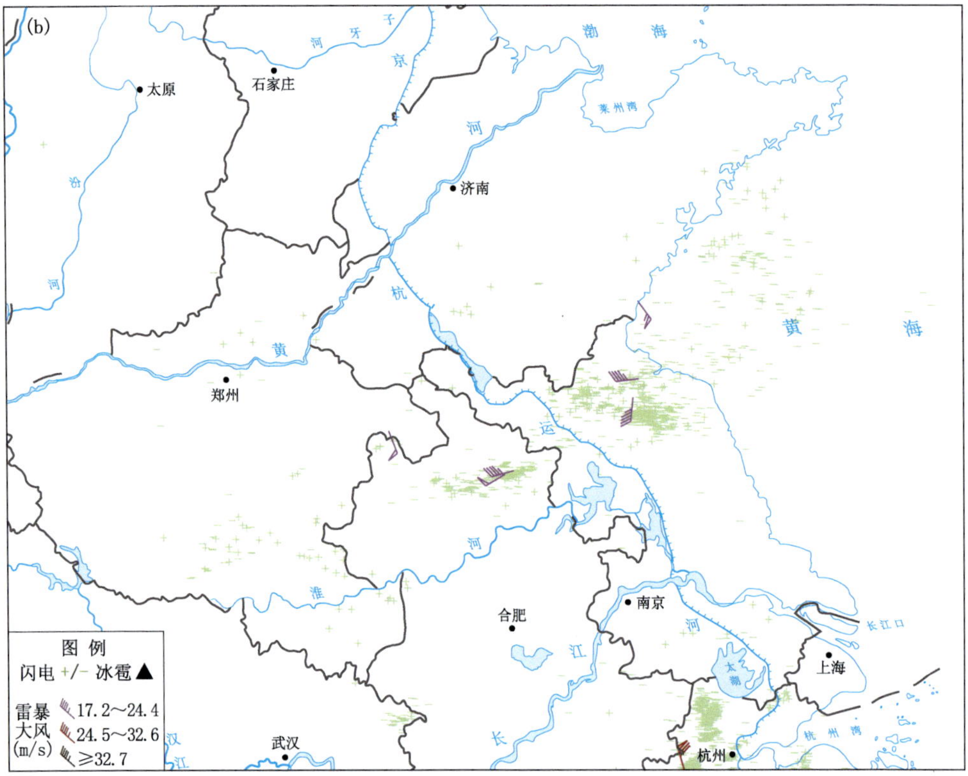

图 2.30　7 月 22 日 02 时—23 日 02 时过程强对流天气实况
(a)闪电和短时强降水；(b)闪电、冰雹和雷暴大风

第 31 次主要强对流天气:7 月 24 日 20 时—26 日 14 时

7 月 24—26 日，受 500 hPa 高空槽和西南涡共同影响，西南地区东部等地出现大范围短时强降水天气，局地伴有冰雹天气。对流活动主要在四川盆地地区生成，缓慢移动至重庆、贵州等地，造成局地短时强降水天气过程。

地面站观测显示，四川、重庆、贵州、湖南、湖北等地出现短时强降水天气，局地小时雨量超过 80 mm(表 2.31、图 2.31)。

表 2.31　7 月 24 日 20 时—26 日 14 时过程强对流天气实况

最强对流天气实况					
短时强降水			雷暴大风		
位置	雨强/(mm/h)	时间	位置	风速/(m/s)	时间
四川绵阳	114.2	7 月 25 日 07 时	重庆黔江	22	7 月 26 日 09 时
湖北恩施	90.3	7 月 26 日 03 时	重庆忠县	21	7 月 25 日 21 时
湖北建始	88.5	7 月 26 日 07 时	四川宜宾	21	7 月 26 日 01 时

续表

分省强对流实况统计/站次						
省份	短时强降水			雷暴大风		冰雹
	≥20 mm/h	≥50 mm/h	≥80 mm/h	≥8 级	≥10 级	
重庆	63	5	1	10	0	2
四川	84	6	2	4	0	3
湖北	32	4	2	2	0	1
贵州	25	3	0	3	0	0

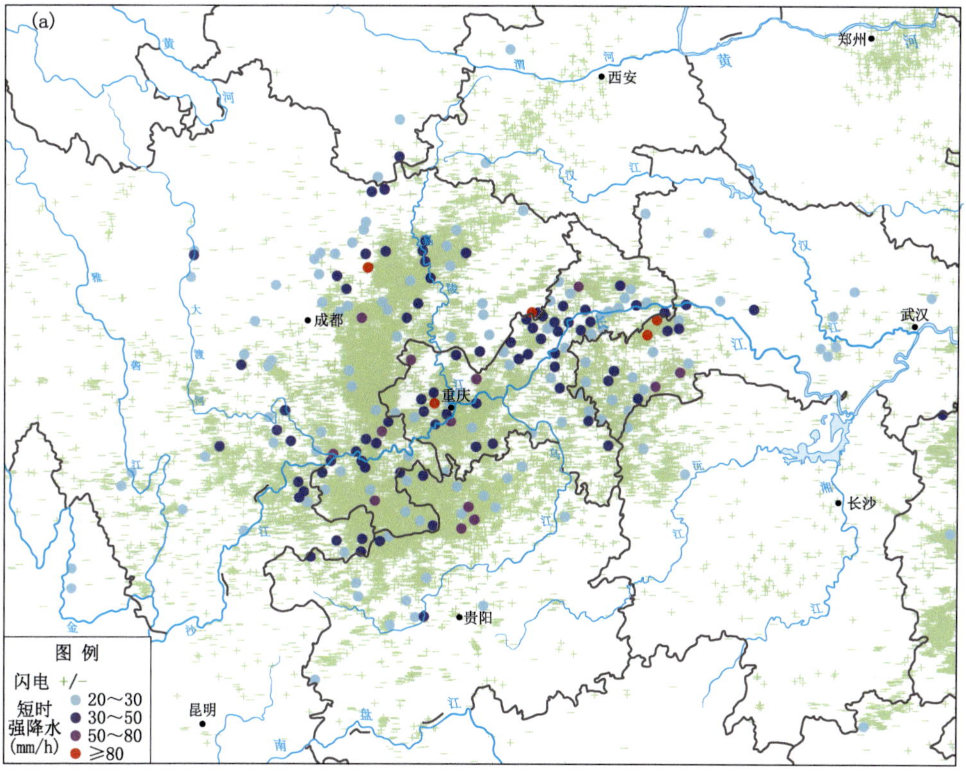

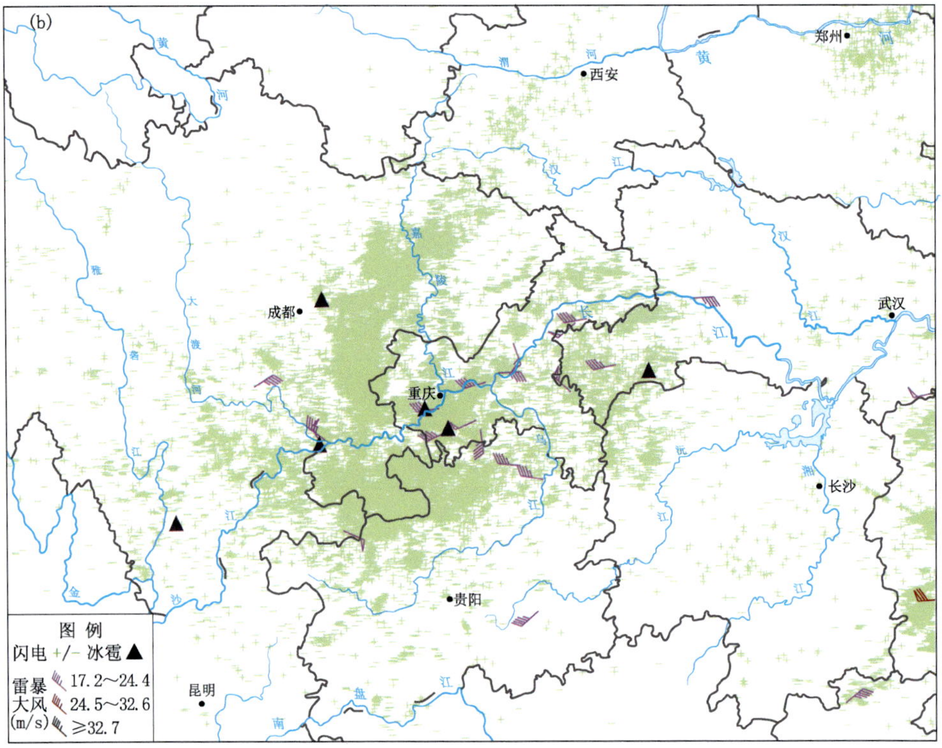

图 2.31　7 月 24 日 20 时—26 日 14 时过程强对流天气实况
(a)闪电和短时强降水；(b)闪电、冰雹和雷暴大风

第 32 次主要强对流天气：8 月 1 日 08 时—2 日 08 时

8 月 1—2 日，蒙古冷涡东移，同时低层低涡和地面气旋的加强、东移，冷涡底部配合低层显著偏南气流影响华北、黄淮等地。对流活动在内蒙古中部偏南地区触发后，向偏南方向发展为多单体风暴。

地面站观测显示，华北、黄淮北部等地出现大范围雷暴大风、冰雹和短时强降水天气，多站小时雨量超过 50 mm，局地伴随出现冰雹。其中，天津、河北南部、山东中西部及河南西部等多地出现雨强为 50～80 mm/h 短时强降水，河南洛阳最大小时雨量达 96.0 mm。山西、河北、天津、山东等地出现大范围 8～10 级雷暴大风，局地伴随冰雹（表 2.32、图 2.32）。

表 2.32　8 月 1 日 08 时—2 日 08 时过程强对流天气实况

最强对流天气实况					
短时强降水			雷暴大风		
位置	雨强/(mm/h)	时间	位置	风速/(m/s)	时间
河南洛阳	96.0	8 月 1 日 20 时	山西大同	29	8 月 1 日 16 时
河北雄县	85.2	8 月 1 日 20 时	山西怀仁	28	8 月 1 日 16 时
山东肥城	83.5	8 月 1 日 22 时	天津滨海新区	27	8 月 1 日 22 时

续表

分省强对流实况统计/站次						
省份	短时强降水			雷暴大风		冰雹
	≥20 mm/h	≥50 mm/h	≥80 mm/h	≥8 级	≥10 级	
山东	124	2	1	23	0	1
河北	48	6	3	51	1	5
山西	19	1	0	46	3	0
内蒙古	11	0	0	149	13	1
内蒙古	8	1	0	4	1	0
河南	23	2	1	4	0	1

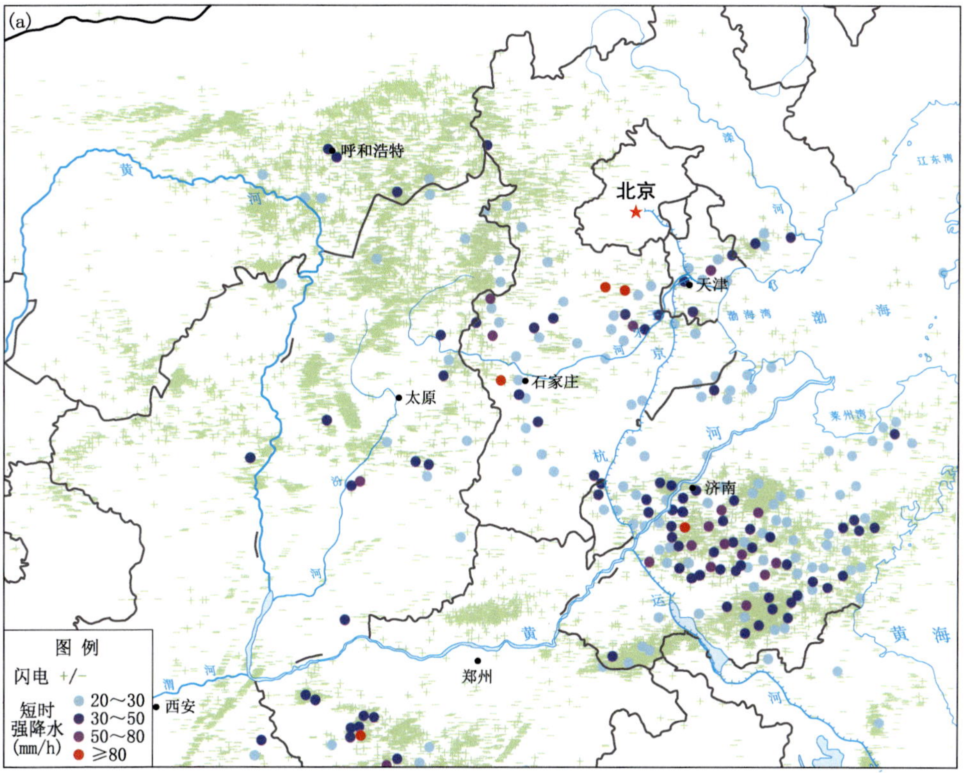

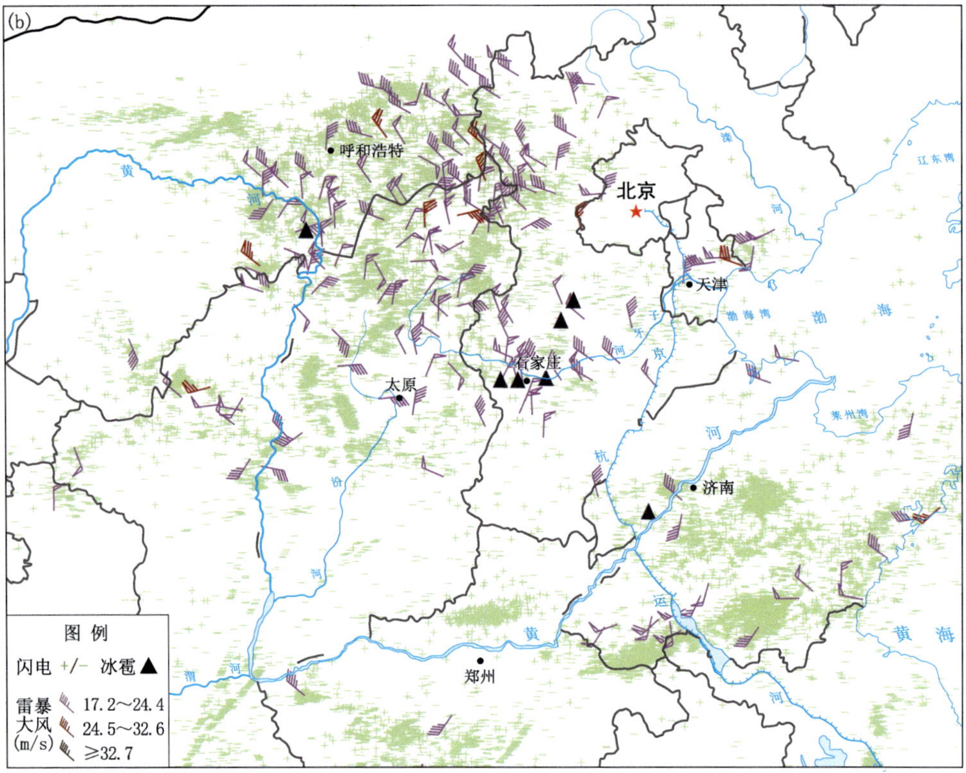

图 2.32 8 月 1 日 08 时—2 日 08 时过程强对流天气实况
(a)闪电和短时强降水；(b)闪电、冰雹和雷暴大风

第 33 次主要强对流天气:8 月 2 日 14 时—4 日 08 时

8 月 2—4 日，受高空冷涡、低涡切变线和低空急流共同影响，东北地区出现雷暴大风、冰雹、短时强降水的混合型强对流天气。对流活动在内蒙古东部触发，并在不断东移过程中发展为多条线状对流系统。

地面站观测显示，辽宁、吉林出现较大范围雷暴大风、冰雹天气，局地风力超过 11 级。东北三省同时伴随着较大范围的短时强降水天气，雨强可达 30～50 mm/h，局地雨强超过 80 mm/h（表 2.33、图 2.33）。

表 2.33 8 月 2 日 14 时—4 日 08 时过程强对流天气实况

最强对流天气实况					
短时强降水			雷暴大风		
位置	雨强/(mm/h)	时间	位置	风速/(m/s)	时间
黑龙江龙江	102.2	8 月 2 日 18 时	内蒙古赤峰	29	8 月 2 日 19 时
黑龙江龙江	86.7	8 月 2 日 18 时	黑龙江龙江	29	8 月 2 日 18 时
吉林集安	73.4	8 月 4 日 01 时	吉林四平	29	8 月 3 日 19 时

续表

分省强对流实况统计/站次						
省份	短时强降水			雷暴大风		冰雹
	≥20 mm/h	≥50 mm/h	≥80 mm/h	≥8 级	≥10 级	
吉林	52	2	0	44	4	1
辽宁	48	2	0	31	2	1
黑龙江	106	9	2	46	2	3
内蒙古	26	1	0	64	5	1

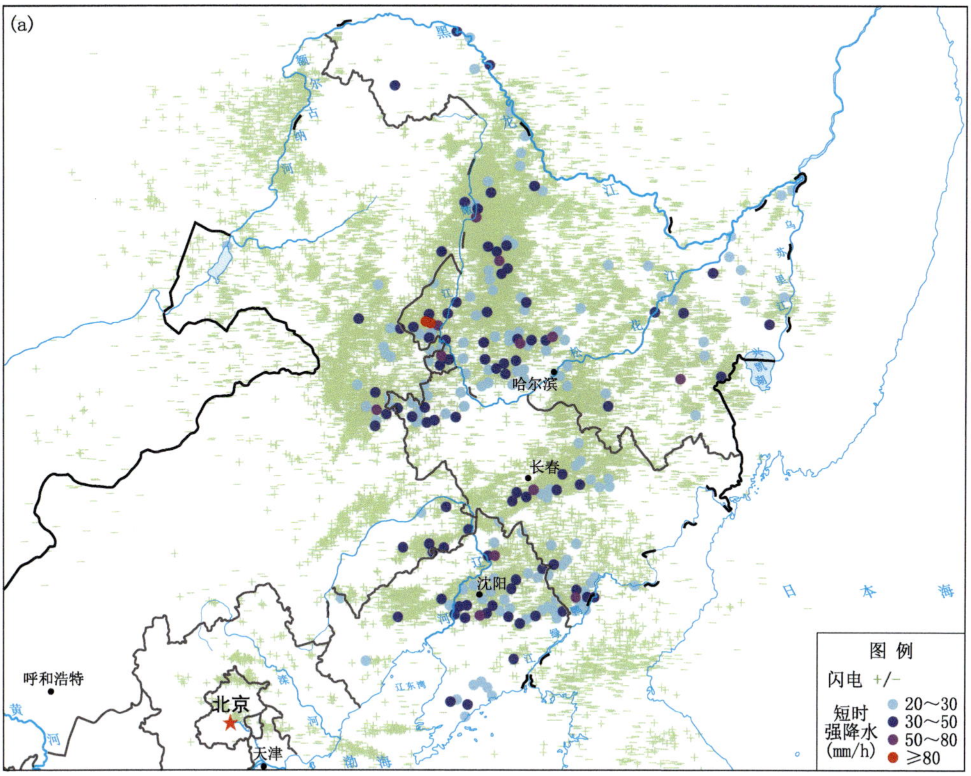

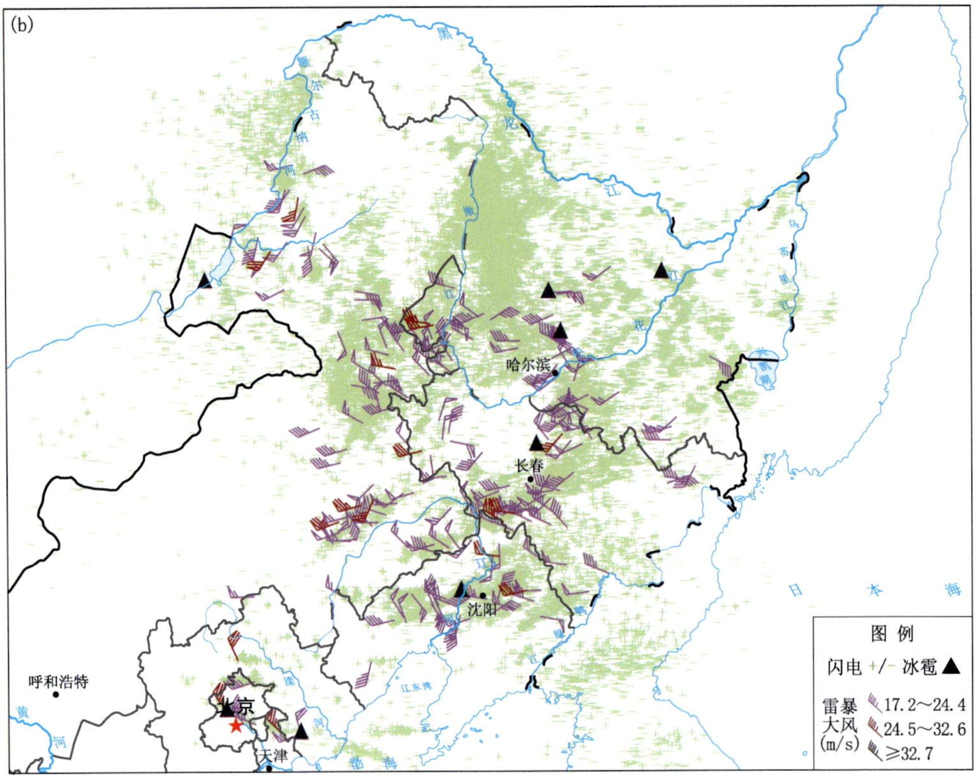

图 2.33 8 月 2 日 14 时—4 日 08 时过程强对流天气实况
(a)闪电和短时强降水；(b)闪电、冰雹和雷暴大风

第 34 次主要强对流天气:8 月 8 日 14 时—10 日 20 时

8 月 8—10 日，副热带高压、低层切变线和低空急流共同影响江淮、江南等地。对流活动在沿长江中游一带触发后，在缓慢东移过程中不断合并加强。

地面站观测显示，江淮、江南等地出现大范围短时强降水天气，江苏北部、湖南北部多地出现雨强超过 80 mm/h 的短时强降水，最大小时雨量达 120 mm 以上。江西北部、安徽南部、浙江南部等地伴随出现 8～9 级雷暴大风和局地冰雹天气(表 2.34、图 2.34)。

表 2.34 8 月 8 日 14 时—10 日 20 时过程强对流天气实况

最强对流天气实况					
短时强降水			雷暴大风		
位置	雨强/(mm/h)	时间	位置	风速/(m/s)	时间
湖南泸溪	125.4	8 月 10 日 04 时	浙江萧山	24	8 月 10 日 16 时
湖南泸溪	86.6	8 月 10 日 06 时	浙江临安	22	8 月 10 日 15 时
湖北安陆	86.5	8 月 08 日 23 时	湖南安仁	21	8 月 10 日 16 时

续表

分省强对流实况统计/站次						
省份	短时强降水			雷暴大风		冰雹
	≥20 mm/h	≥50 mm/h	≥80 mm/h	≥8 级	≥10 级	
湖南	83	14	2	6	0	0
江苏	51	1	0	6	0	3
上海	13	2	0	2	0	0
湖北	60	9	1	1	0	3
安徽	57	3	0	4	0	1
江西	40	3	0	8	0	1
浙江	12	0	0	13	0	0

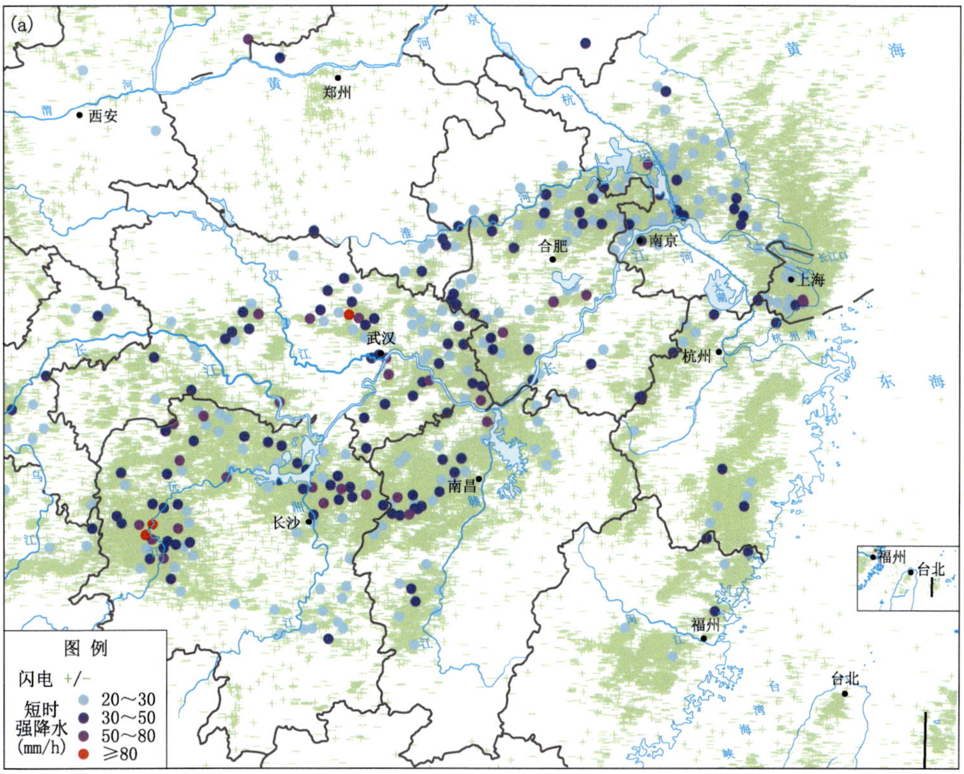

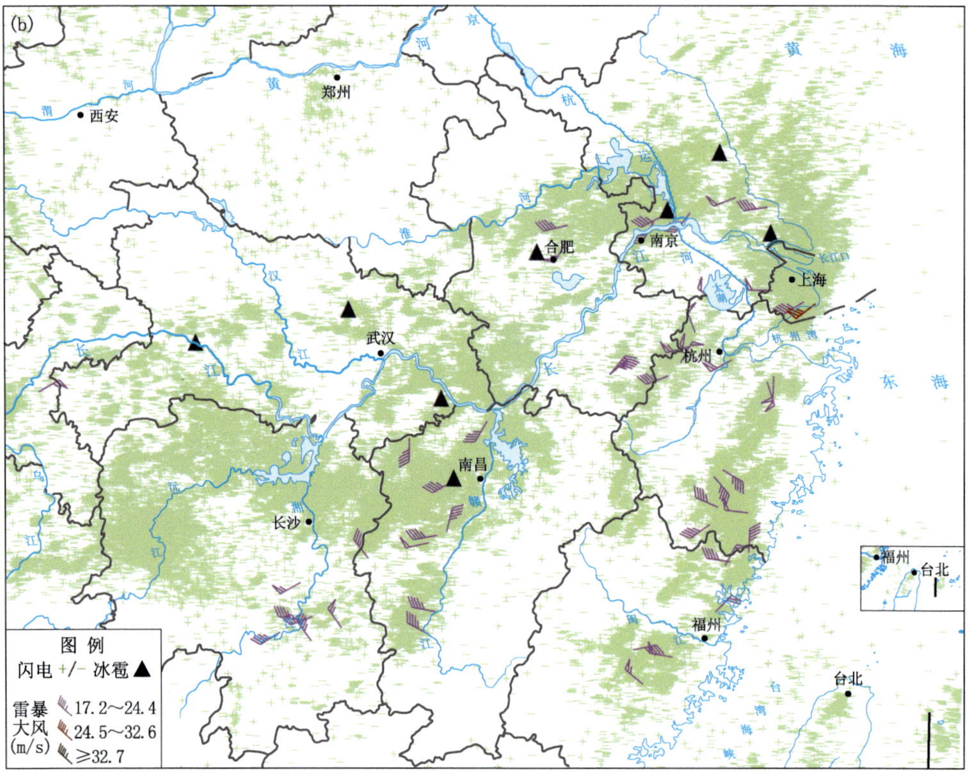

图 2.34 8 月 8 日 14 时—10 日 20 时过程强对流天气实况

(a)闪电和短时强降水；(b)闪电、冰雹和雷暴大风

第 35 次主要强对流天气:8 月 9 日 08 时—10 日 08 时

8 月 9—10 日，受高空冷涡和急流、低层切变线共同影响，河套中部、华北等地出现大范围雷暴大风和冰雹天气，局地伴随出现短时强降水。对流活动在河套地区西部和内蒙古中部偏南地区触发并发展，其中在河北中北部形成飑线。

地面站观测显示，内蒙古中部偏南地区、华北等地部分地区出现 8～10 级雷暴大风天气。其中，9 日 15 时 35 分左右，内蒙古包头达茂旗希拉穆镇遭受龙卷袭击；9 日傍晚至夜间，河北、天津、山东等地出现 8～10 级雷暴大风，河北中部等地出现雨强 60 mm/h 以上的短时强降水和局地冰雹(表 2.35、图 2.35)。

表 2.35 8 月 9 日 08 时—10 日 08 时过程强对流天气实况

最强对流天气实况					
短时强降水			雷暴大风		
位置	雨强/(mm/h)	时间	位置	风速/(m/s)	时间
河北徐水	75.5	8 月 10 日 01 时	山东无棣	26	8 月 10 日 05 时
河北孟村	68.2	8 月 10 日 04 时	河北元氏	25	8 月 10 日 00 时
河北蠡县	64.5	8 月 10 日 02 时	山东无棣	25	8 月 10 日 05 时

续表

分省强对流实况统计/站次						
省份	短时强降水			雷暴大风		冰雹
	≥20 mm/h	≥50 mm/h	≥80 mm/h	≥8 级	≥10 级	
北京	15	0	0	0	0	0
河北	33	5	0	25	1	7
山西	5	0	0	1	0	0
天津	4	0	0	4	0	0
山东	1	0	0	4	3	0

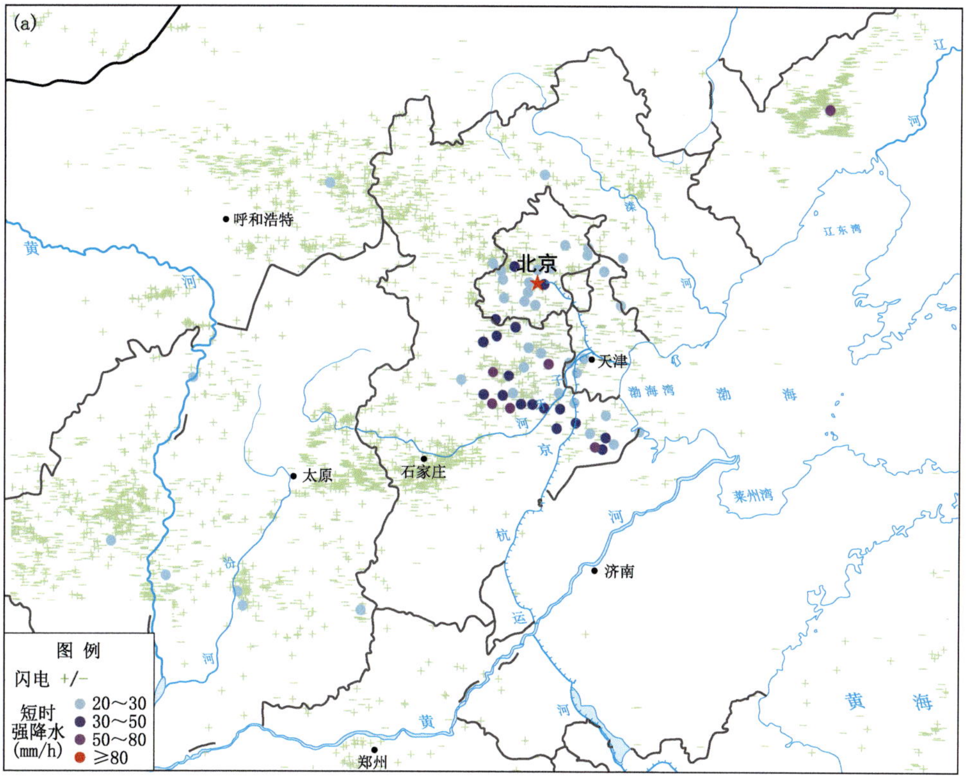

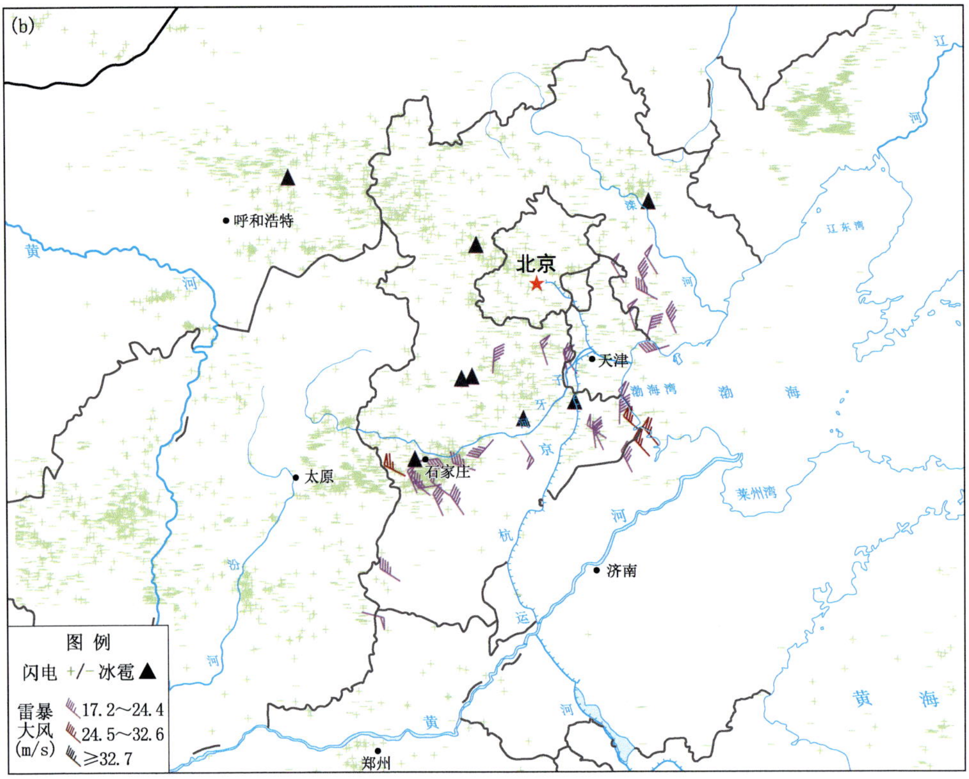

图 2.35　8 月 9 日 08 时—10 日 08 时过程强对流天气实况
(a)闪电和短时强降水；(b)闪电、冰雹和雷暴大风

第 36 次主要强对流天气:8 月 12 日 08 时—14 日 08 时

8 月 12—14 日，冷涡缓慢东移，副热带高压西北侧低空急流配合低层切变线共同影响华北、黄淮等地。低涡底部的对流系统在东移过程中，与暖区内的对流系统相遇加强，并于 13 日午后在河北南部、山东、辽宁形成飑线。

地面站观测显示，华北中东部、黄淮中北部、辽宁等地出现大范围的短时强降水，局地小时雨量超过 100 mm，部分地区伴有雷暴大风和冰雹(表 2.36、图 2.36)。

表 2.36　8 月 12 日 08 时—14 日 08 时过程强对流天气实况

最强对流天气实况					
短时强降水			雷暴大风		
位置	雨强/(mm/h)	时间	位置	风速/(m/s)	时间
河北文安	116.6	8 月 12 日 21 时	山东长岛	24	8 月 13 日 15 时
河北雄县	89.5	8 月 12 日 19 时	辽宁庄河	22	8 月 13 日 19 时
河北玉田	87.1	8 月 13 日 04 时	辽宁东港	22	8 月 13 日 19 时

续表

分省强对流实况统计/站次						
省份	短时强降水			雷暴大风		冰雹
	≥20 mm/h	≥50 mm/h	≥80 mm/h	≥8 级	≥10 级	
山东	177	19	2	12	0	6
河北	102	16	3	2	0	2
北京	23	2	0	0	0	0
天津	11	1	0	0	0	0
辽宁	54	0	0	4	0	0

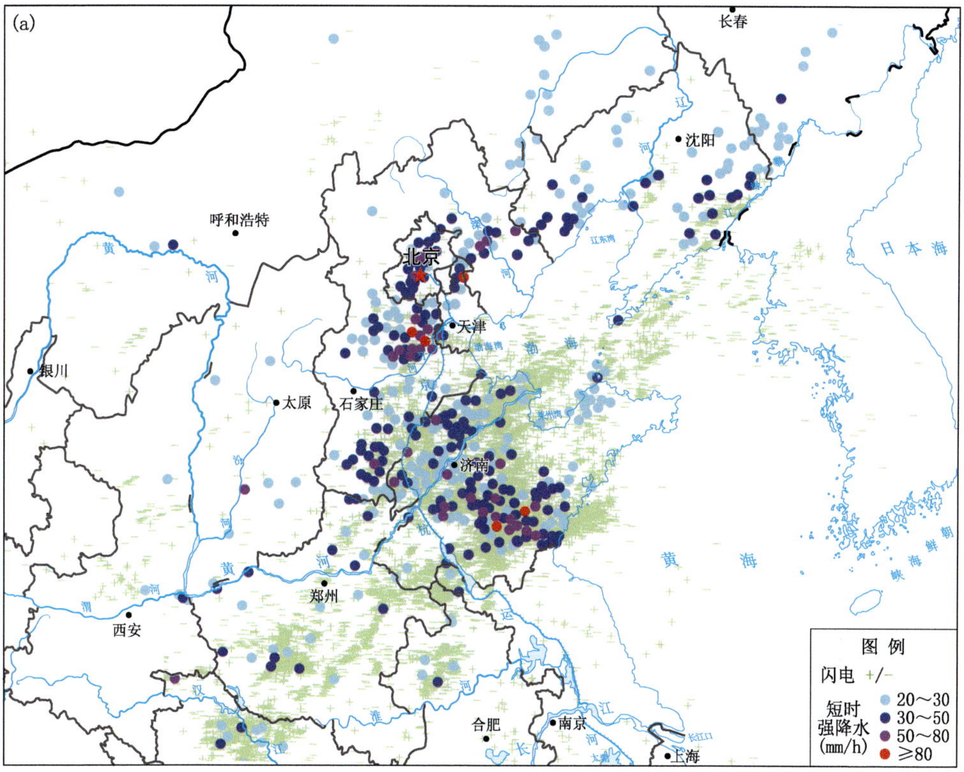

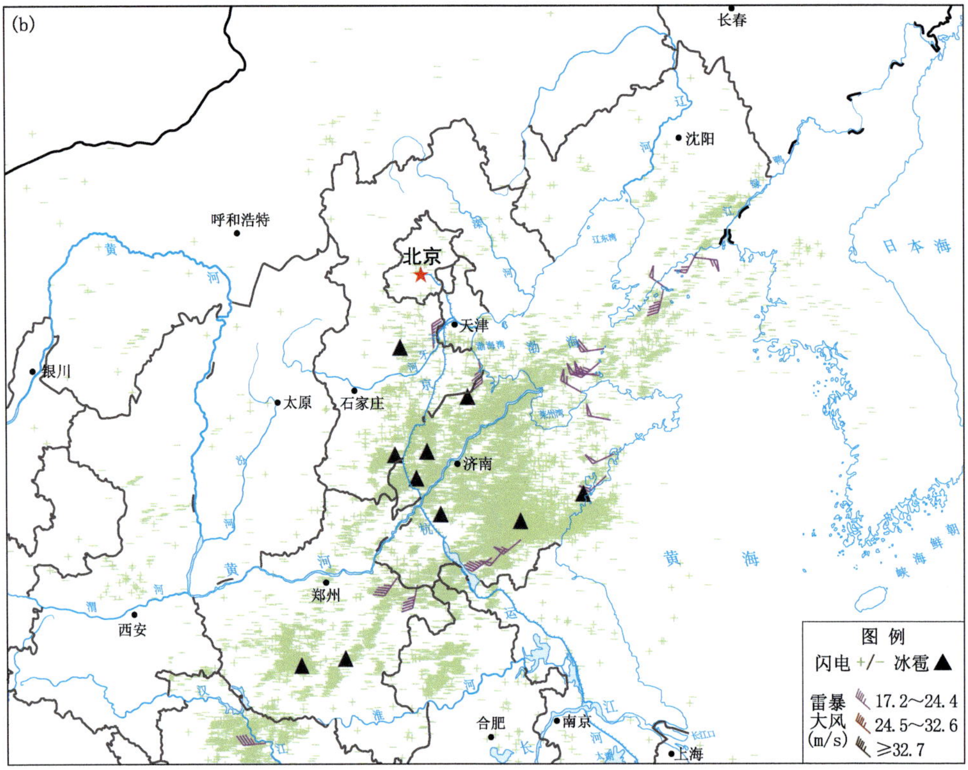

图 2.36　8 月 12 日 08 时—14 日 08 时过程强对流天气实况
(a)闪电和短时强降水；(b)闪电、冰雹和雷暴大风

第 37 次主要强对流天气：8 月 17 日 14 时—19 日 08 时

8 月 17—19 日，受 500 hPa 低槽、副热带高压，以及低层切变线和低空急流的共同影响，华北、东北地区等地出现大范围短时强降水天气，局地伴有雷暴大风和冰雹。对流活动在华北、东北地区多地触发，在向东偏北方向移动过程中逐渐发展加强，19 日午后在华北东部、辽宁中西部、吉林中部偏东地区发展最强，出现多单体风暴。

地面站观测显示，华北、东北地区出现雨强 20～50 mm/h 的短时强降水天气，最大小时雨量 71.8 mm。河北东北部和中部、辽宁西部和中部等地出现 8～10 级雷暴大风和冰雹（表 2.37、图 2.36）。

表 2.37　8 月 17 日 14 时—19 日 08 时过程强对流天气实况

最强对流天气实况					
短时强降水			雷暴大风		
位置	雨强/(mm/h)	时间	位置	风速/(m/s)	时间
辽宁瓦房店	71.8	8 月 18 日 23 时	辽宁义县	29	8 月 18 日 16 时
河南西平	67.6	8 月 18 日 19 时	辽宁黑山	28	8 月 18 日 17 时
河北泊头	66.2	8 月 18 日 18 时	辽宁黑山	25	8 月 18 日 17 时

续表

分省强对流实况统计/站次						
省份	短时强降水			雷暴大风		冰雹
	≥20 mm/h	≥50 mm/h	≥80 mm/h	≥8 级	≥10 级	
天津	9	0	0	0	0	0
河北	53	3	0	27	0	4
辽宁	45	1	0	23	3	0
吉林	23	0	0	2	0	0
山西	20	0	0	9	1	1
河南	21	1	0	12	1	4

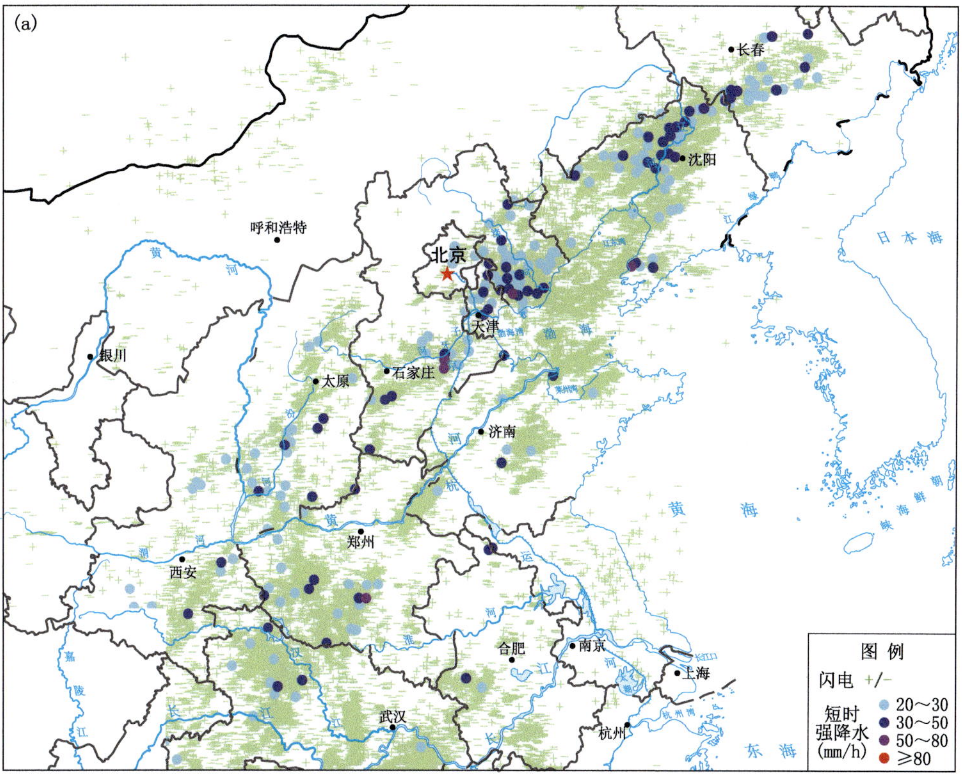

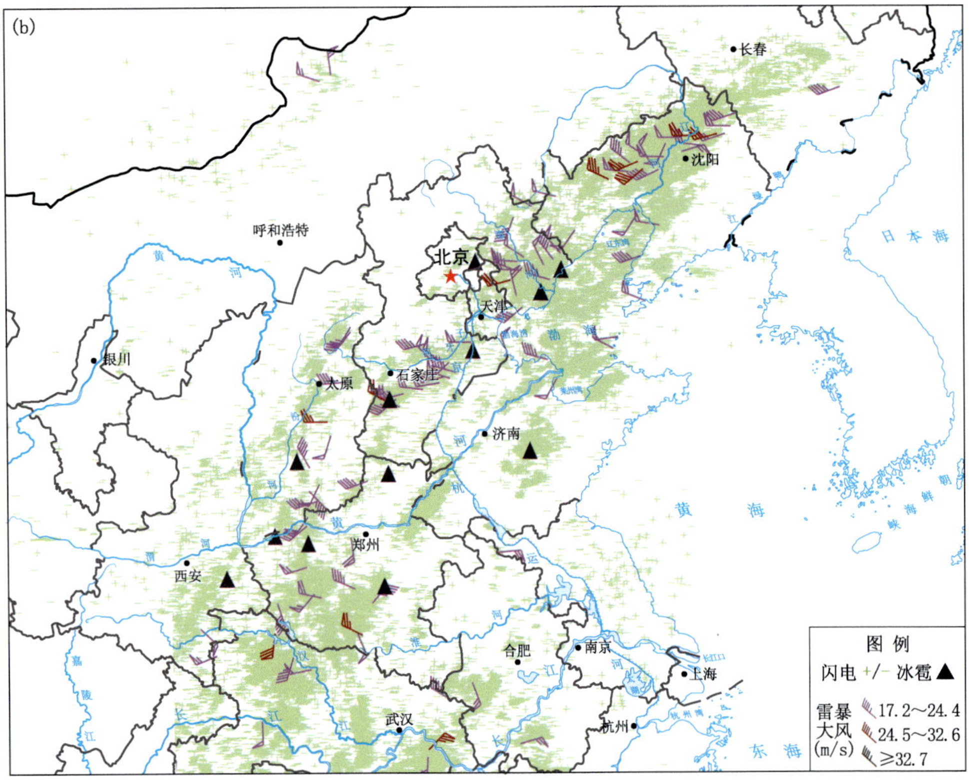

图 2.37　8 月 17 日 14 时—19 日 08 时过程强对流天气实况
(a)闪电和短时强降水；(b)闪电、冰雹和雷暴大风

第 38 次主要强对流天气:8 月 19 日 11 时—21 日 20 时

8 月 19—21 日，500 hPa 高空冷槽东移，副热带高压系统南落，黄淮南部、江淮在偏东显著气流控制下，上述地区出现大范围短时强降水天气，局地伴有雷暴大风和冰雹。对流活动在黄淮、江淮、江汉等地触发，不断发展加强，形成多单体风暴群。

地面站观测显示，黄淮、江淮、江汉等地出现大范围短时强降水天气，局地伴有雷暴大风或冰雹。山东南部、江苏北部、河南南部、湖北、湖南西部、江西等地局地小时雨量超过 80 mm，部分地区伴有 8～10 级雷暴大风(表 2.38、图 2.38)。

表 2.38　8 月 19 日 11 时—21 日 20 时过程强对流天气实况

最强对流天气实况					
短时强降水			雷暴大风		
位置	雨强/(mm/h)	时间	位置	风速/(m/s)	时间
江西宜丰	97.0	8 月 21 日 20 时	江西高安	27	8 月 21 日 19 时
河南信阳	78.5	8 月 19 日 15 时	河南虞城	26	8 月 19 日 15 时
河南淅川	75.7	8 月 19 日 18 时	湖北远安	24	8 月 19 日 17 时

续表

分省强对流实况统计/站次						
省份	短时强降水			雷暴大风		冰雹
	≥20 mm/h	≥50 mm/h	≥80 mm/h	≥8 级	≥10 级	
安徽	75	9	0	48	1	3
湖北	79	3	0	11	0	2
河南	62	8	0	9	1	2
山东	62	6	0	12	0	1
江苏	54	6	0	15	0	1
湖南	47	3	0	2	0	1
江西	42	2	1	26	1	4

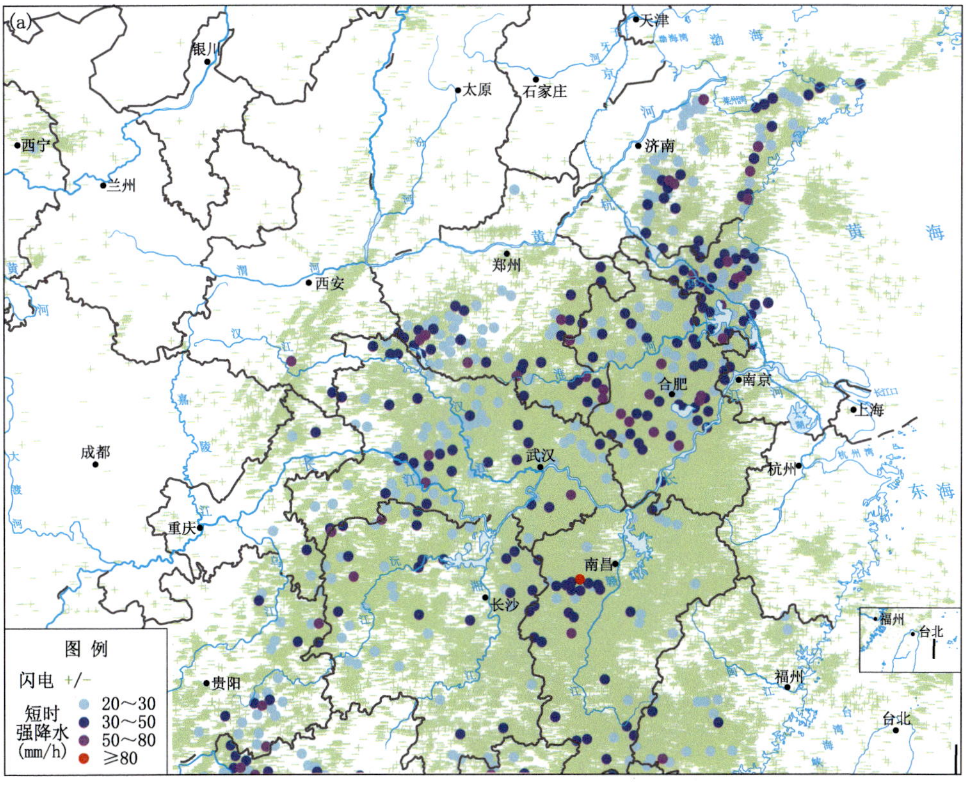

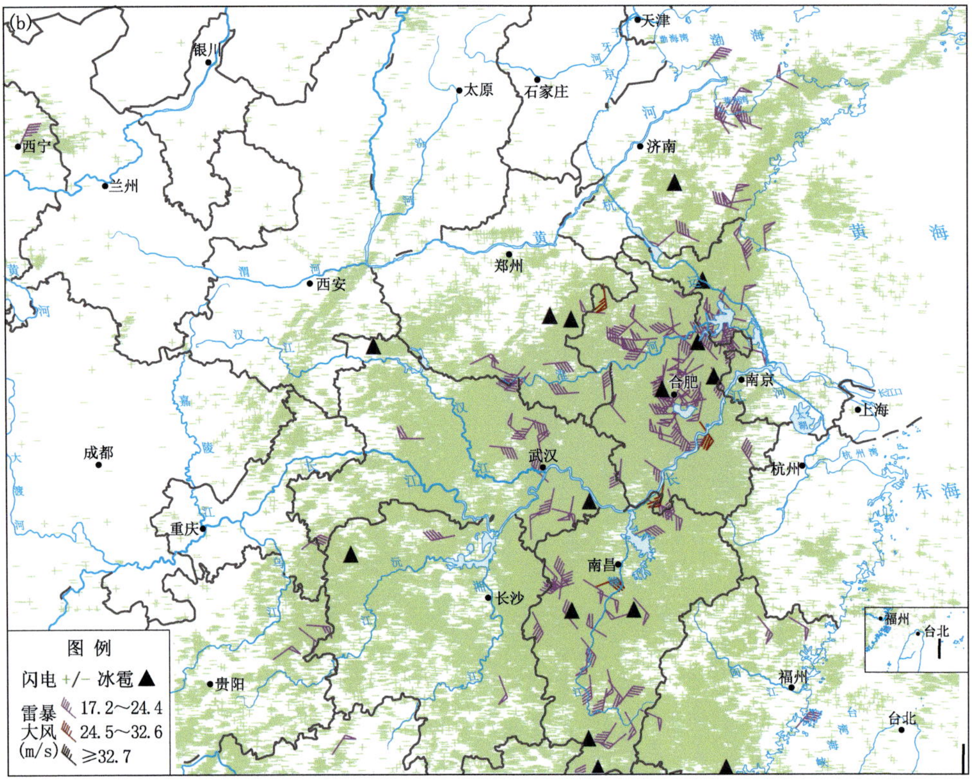

图 2.38　8 月 19 日 11 时—21 日 20 时过程强对流天气实况
(a)闪电和短时强降水;(b)闪电、冰雹和雷暴大风

第 39 次主要强对流天气:8 月 23 日 20 时—25 日 02 时

8 月 23—25 日,受 500 hPa 高空槽、低层切变线和低空急流的共同影响,东北地区南部、华北、黄淮等地出现较大范围短时强降水天气,局地伴有雷暴大风和冰雹。24 日中午,对流活动在山东形成东北—西南向飑线。

地面站观测显示,华北、黄淮、东北地区南部等地出现雨强为 30～50 mm/h 的短时强降水,山东、江苏北部局地小时雨量超过 70 mm(表 2.39、图 2.39)。

表 2.39　8 月 23 日 20 时—25 日 02 时过程强对流天气实况

最强对流天气实况					
短时强降水			雷暴大风		
位置	雨强/(mm/h)	时间	位置	风速/(m/s)	时间
江苏阜宁	74.4	8 月 25 日 01 时	山东沂水	22	8 月 24 日 14 时
河北永清	71.7	8 月 24 日 00 时	山东招远	20	8 月 24 日 16 时
山东黄岛	70.2	8 月 24 日 18 时	山东崂山	19	8 月 24 日 17 时

续表

分省强对流实况统计/站次						
省份	短时强降水			雷暴大风		冰雹
	≥20 mm/h	≥50 mm/h	≥80 mm/h	≥8 级	≥10 级	
辽宁	113	5	0	2	0	0
河北	69	6	0	1	0	1
天津	10	0	0	0	0	0
山东	42	2	0	10	0	0
江苏	16	2	0	1	0	0

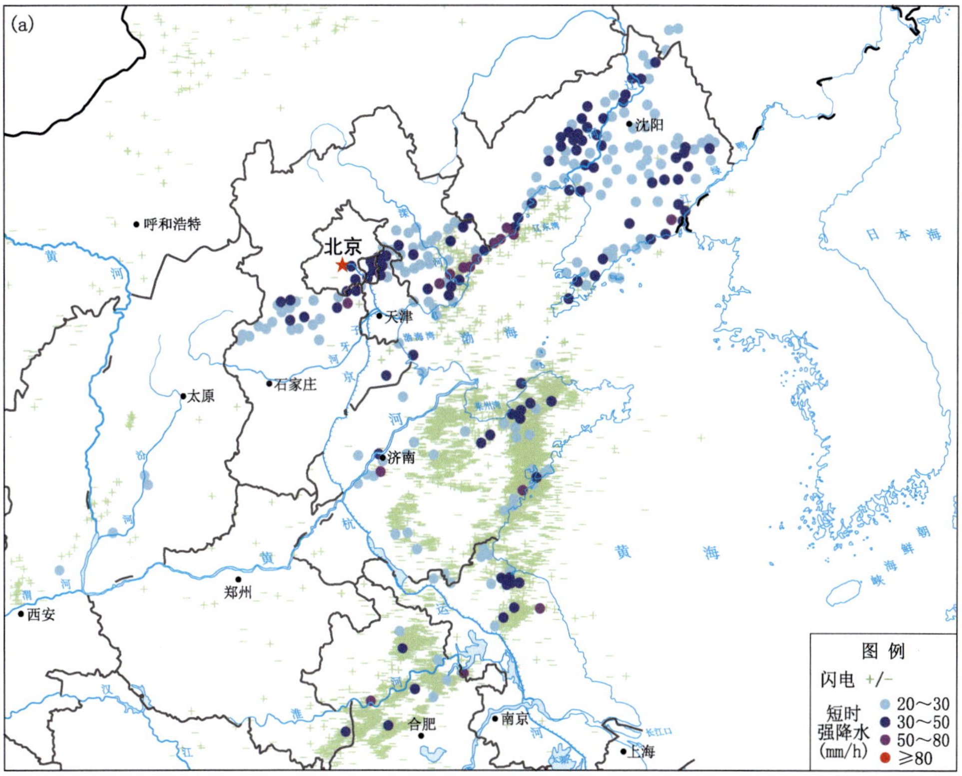

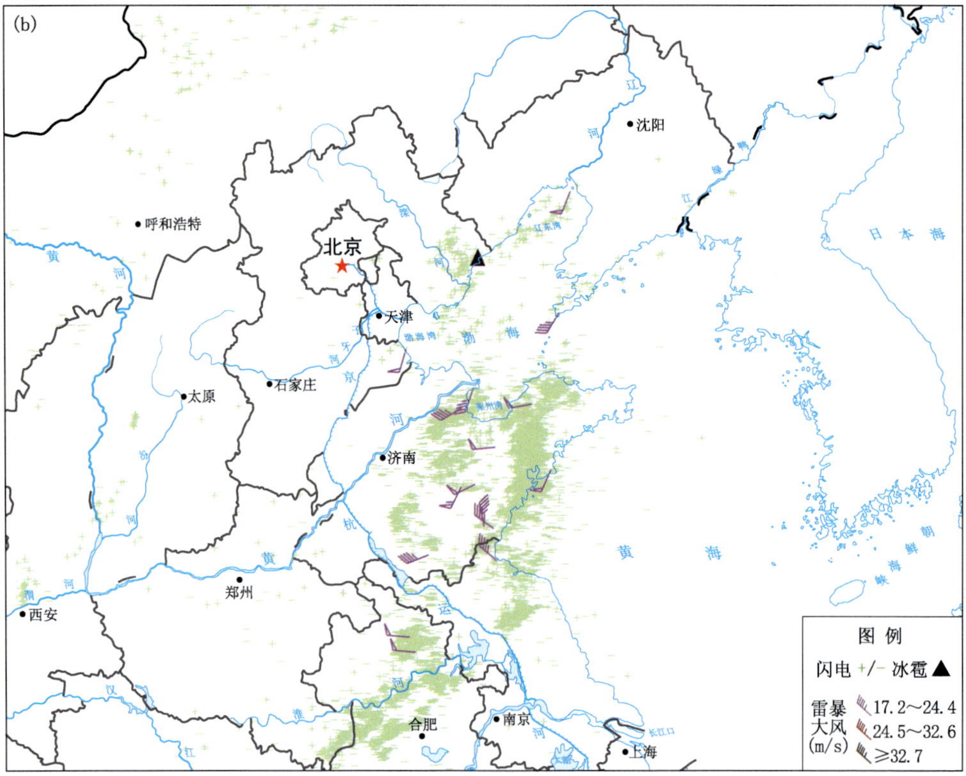

图 2.39　8 月 23 日 20 时—25 日 02 时过程强对流天气实况
(a)闪电和短时强降水；(b)闪电、冰雹和雷暴大风

第 40 次主要强对流天气：8 月 23 日 20 时—27 日 08 时

8 月 23—27 日，受 500 hPa 高空槽、台风“巴威”、低层切变线和低空急流的共同影响，西南地区东部、江汉、江淮、江南、华南等地出现较大范围短时强降水天气，部分地区伴有雷暴大风和冰雹。对流在多地触发、分散分布，并不断生消更迭。

地面站观测显示，西南地区东部、江汉、江淮、江南、华南等地出现雨强为 30～50 mm/h 的短时强降水，局地小时雨量超过 80 mm。江西、浙江、福建等地出现大范围 8～10 级雷暴大风，局地出现冰雹(表 2.40、图 2.40)。

表 2.40　8 月 23 日 20 时—27 日 08 时过程强对流天气实况

最强对流天气实况					
短时强降水			雷暴大风		
位置	雨强/(mm/h)	时间	位置	风速/(m/s)	时间
湖南郴州	96.2	8 月 25 日 22 时	福建福安	28	8 月 26 日 18 时
广西崇左	92.4	8 月 25 日 23 时	江西南昌	27	8 月 24 日 16 时
广东广州	92.3	8 月 26 日 18 时	浙江温州	26	8 月 25 日 19 时

续表

分省强对流实况统计/站次						
省份	短时强降水			雷暴大风		冰雹
	≥20 mm/h	≥50 mm/h	≥80 mm/h	≥8 级	≥10 级	
湖南	105	9	2	6	0	2
广东	76	9	1	9	0	2
海南	25	3	1	6	0	0
广西	108	11	1	5	0	0
福建	74	7	0	25	1	6
江西	58	3	0	31	2	1
浙江	31	0	0	28	1	1

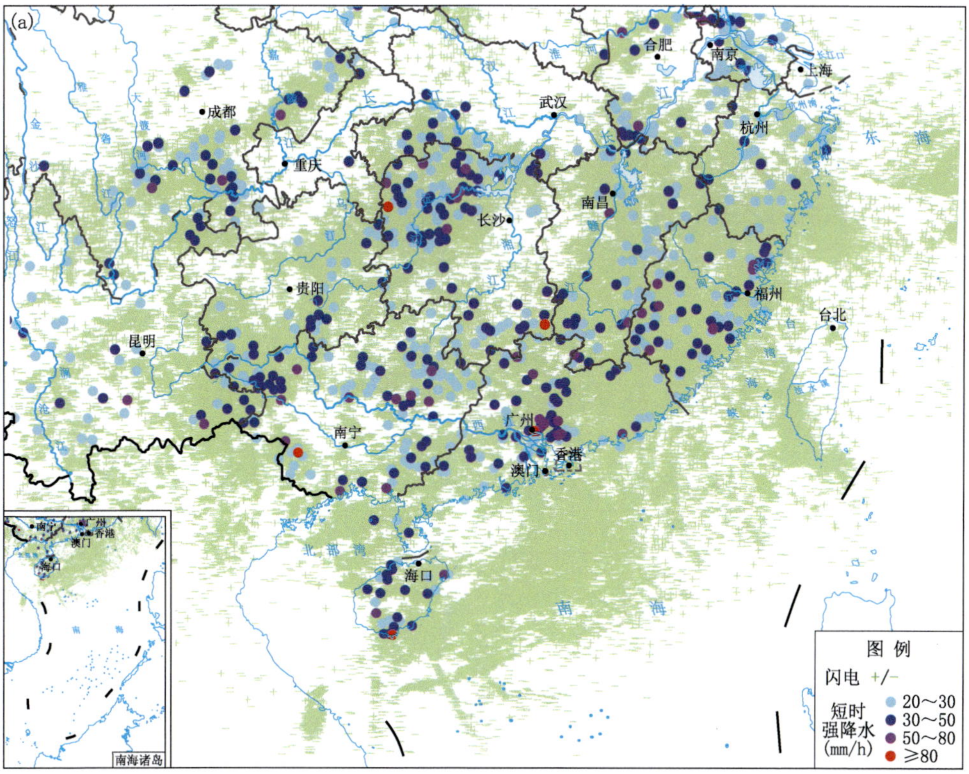

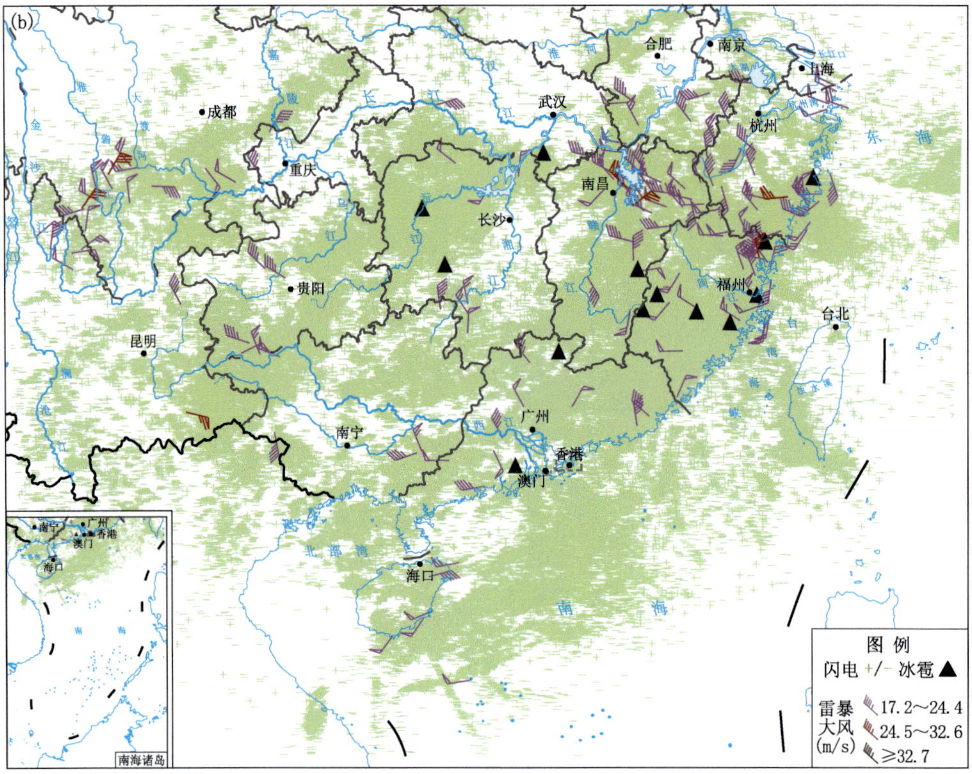

图 2.40　8 月 23 日 20 时—27 日 08 时过程强对流天气实况

(a)闪电和短时强降水；(b)闪电、冰雹和雷暴大风

第 41 次主要强对流天气：9 月 5 日 17 时—7 日 08 时

9 月 5—7 日，受低层切变线影响，四川东部、重庆、贵州、广西、广东等地出现以短时强降水为主的强对流天气。对流活动在西南地区东部触发，在向东南移动过程中逐渐发展，5 日夜间至 6 日先后在贵州、广西等地发展成线状对流系统。

地面站观测显示，贵州、广西、广东等地出现大范围短时强降水，局地小时雨量超过 80 mm，并伴随有 8～9 级雷暴大风和冰雹（表 2.41、图 2.41）。

表 2.41　9 月 5 日 17 时—7 日 08 时过程强对流天气实况

最强对流天气实况					
短时强降水			雷暴大风		
位置	雨强/(mm/h)	时间	位置	风速/(m/s)	时间
贵州织金	84.4	9 月 5 日 23 时	贵州威宁	21	9 月 5 日 19 时
广西大新	75.4	9 月 7 日 03 时	贵州清镇	20	9 月 5 日 19 时
广西环江	71.7	9 月 6 日 22 时	贵州雷山	17	9 月 6 日 03 时

续表

分省强对流实况统计/站次						
省份	短时强降水			雷暴大风		冰雹
	≥20 mm/h	≥50 mm/h	≥80 mm/h	≥8 级	≥10 级	
广西	104	9	0	0	0	1
贵州	89	6	1	3	0	0
广东	30	1	0	1	0	2

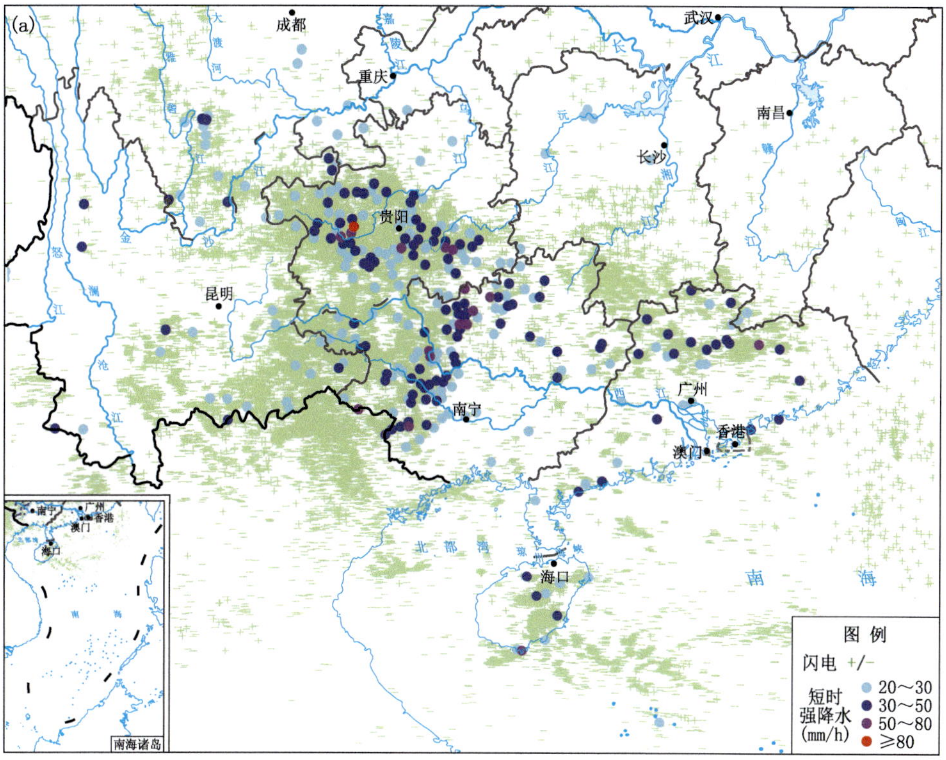

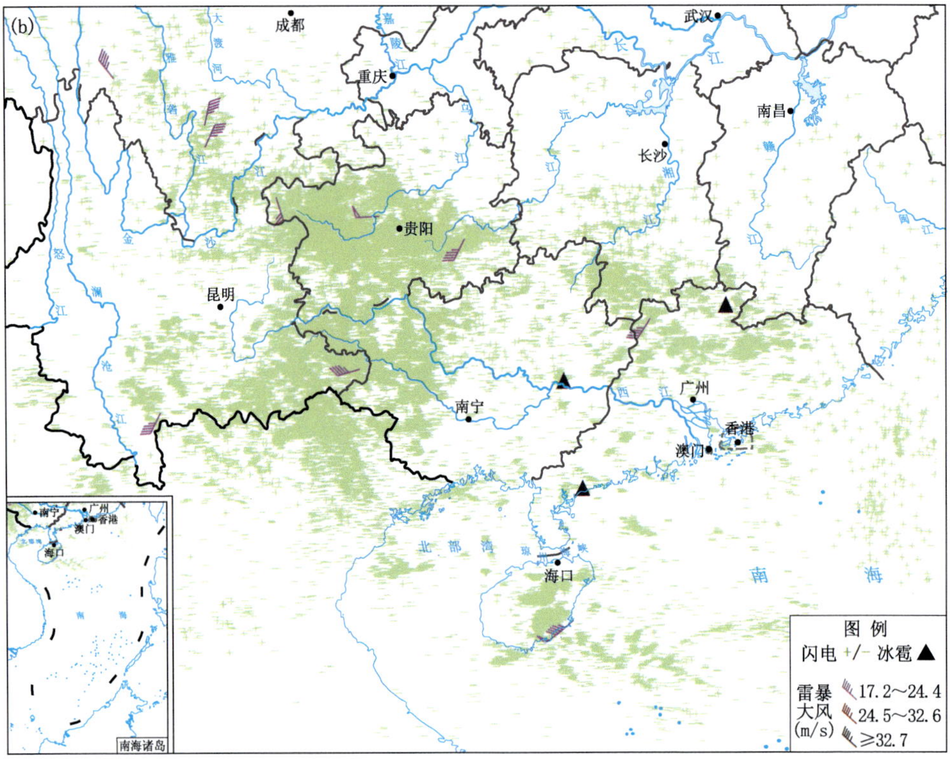

图 2.41　9 月 5 日 17 时—7 日 08 时过程强对流天气实况
(a)闪电和短时强降水;(b)闪电、冰雹和雷暴大风

第 3 章

2020 年重大强对流事件

依据“重大强对流事件”遴选标准与强对流系统影响范围、强对流天气的极端性及其致灾情况等，综合遴选了 2020 年 8 次重大强对流天气事件，具体可见表 3.1。

表 3.1　2020 年重大强对流天气事件纪要

序号	过程时段	重点影响省份	主要强对流天气类型	中尺度系统结构	极端强对流天气
1	5 月 15—18 日	山西、河北、山东、河南	雷暴大风	飑线、超级单体风暴	山东临沂风速 35 m/s
2	6 月 1—2 日	山西、河北、天津、北京、山东、内蒙古	雷暴大风和冰雹	飑线、超级单体风暴	山东青岛莱西风速 30 m/s
3	6 月 12—13 日	江苏、安徽、湖北、湖南、贵州	雷暴大风和短时强降水	多单体风暴、超级单体风暴	贵州黔西雨强 108.1 mm/h，安徽滁州风速 26 m/s
4	6 月 24—26 日	陕西、山西、河北、北京、天津、河南、山东、内蒙古	雷暴大风和冰雹	飑线、超级单体风暴	天津滨海新区风速 30 m/s
5	6 月 26—28 日	河南、江苏、安徽、湖北、重庆、四川	短时强降水	多单体风暴	湖北宜昌雨强 98.8 mm/h
6	8 月 1—2 日	山西、河北、天津、山东、河南	雷暴大风和短时强降水	飑线	河南洛阳雨强 96.0 mm/h，山西大同风速 29 m/s
7	8 月 9—10 日	山西、河北、北京、天津、山东	雷暴大风和短时强降水	飑线、超级单体风暴	河北徐水雨强 75.5 mm/h，山东无棣风速 26.0 m/s
8	8 月 12—14 日	河北、北京、天津、辽宁、山东	短时强降水	飑线、超级单体风暴	河北文安雨强 116.6 mm/h

3.1 5月15—18日华北、黄淮雷暴大风和短时强降水天气

3.1.1 实况与灾情

此次过程是冷涡背景下发生在华北、黄淮等地的一次大范围强对流天气过程。强对流天气主要发生在15—17日午后至夜间，最强时段发生在17日19时—18日03时。强对流类型以雷暴大风为主，局地伴随短时强降水和冰雹（图3.1）。此次冷涡影响下的强对流天气过程具有明显的日变化特征，强对流天气集中在午后至前半夜，部分地区风雹天气强度大，其中，山东局地出现12级大风，冰雹最大直径达30 mm。

3.1.2 环境场特征

本次过程是在高空冷涡背景下发生的。17日冷涡东移南压，引导冷空气自北向南影响华北、黄淮等地，叠加在低空西南暖湿气流上，造成大范围强对流天气。入夜之后，冷空气进一步南压，低层温度逐渐降低，不稳定条件减弱，强对流趋于结束。

本次强对流天气的最强时段为17日19时—18日03时。17日14时，高空冷涡位于内蒙古南部至华北地区（图3.2a），高空冷空气与黄淮地区低空暖脊叠加。以山东南部17日14时的温度-对数压力图（图3.2b）为例：热力场上，850 hPa和500 hPa温差最大超过32 ℃，山东

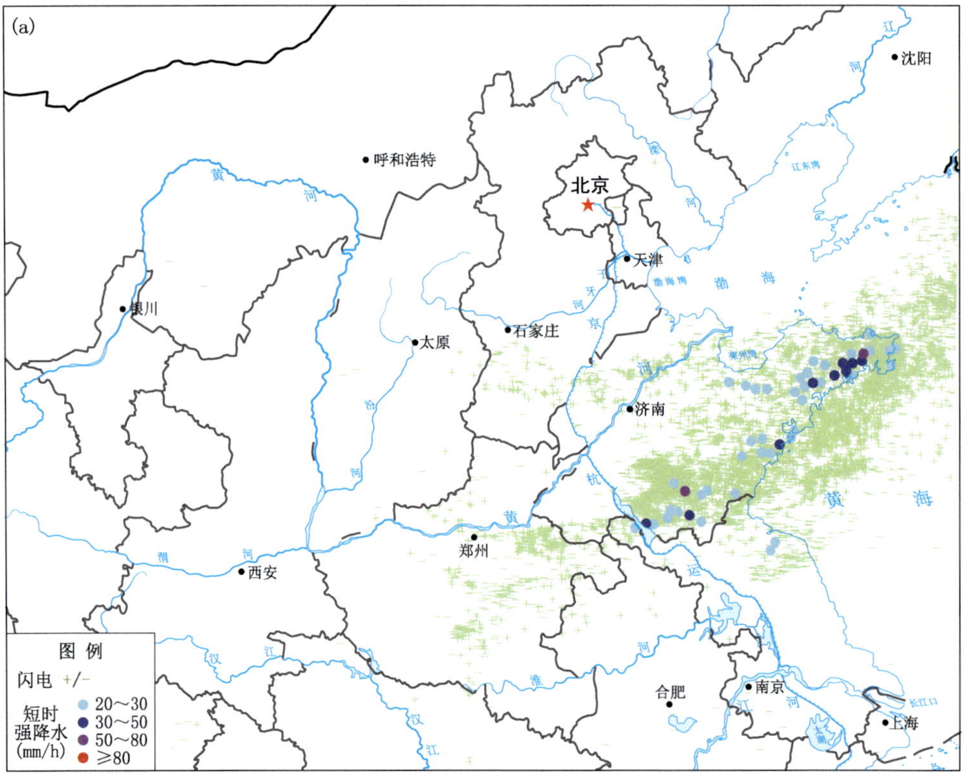

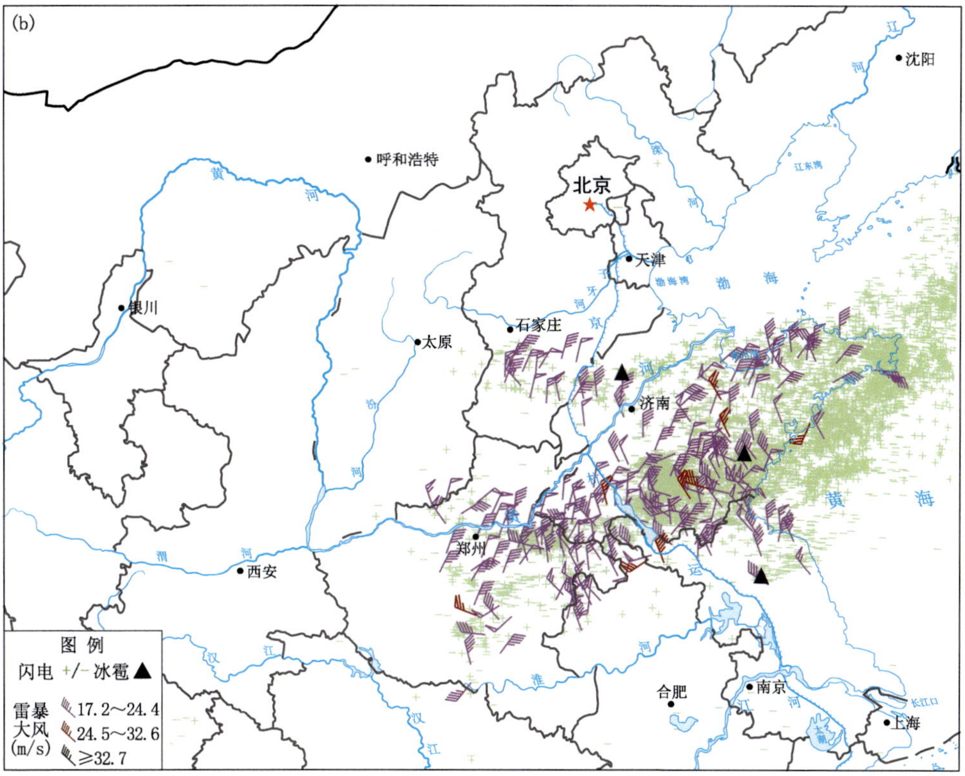

图 3.1　5 月 17 日 19 时—18 日 03 时强对流天气实况
(a)闪电和短时强降水;(b)闪电、冰雹和雷暴大风

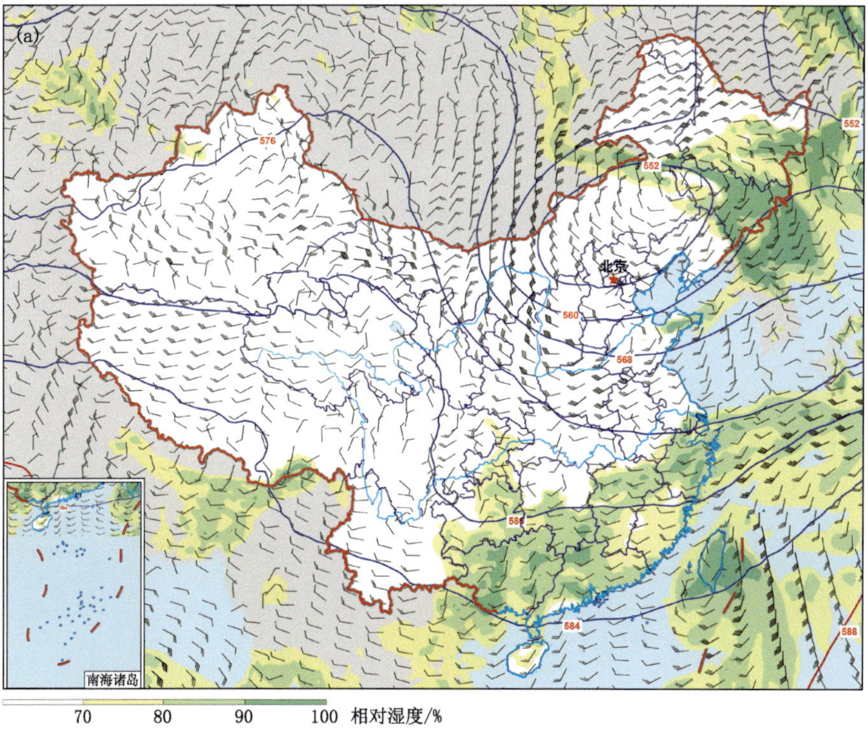

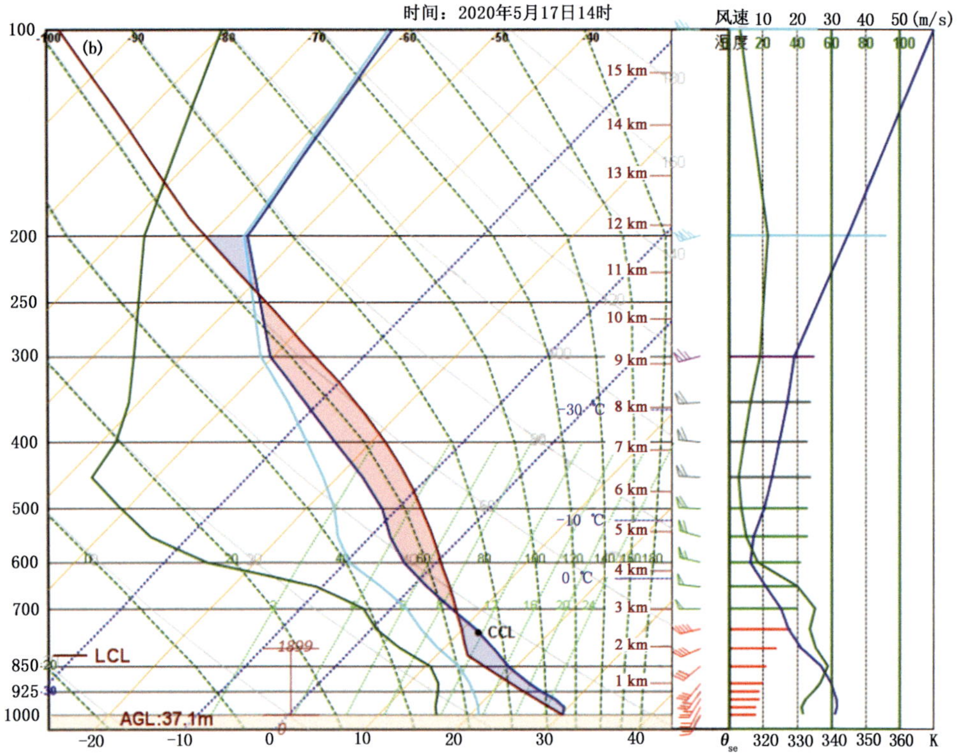

图 3.2　5 月 17 日 14 时 500 hPa 高度场(等值线，单位：dagpm)、850 hPa 风场和相对湿度场(a)和 5 月 17 日 14 时山东南部(118°E，35°N)温度-对数压力图(b)
(LCL：凝结高度；AGL：海拔高度；CCL：对流凝结高度，下同)

南部对流有效位能(CAPE)达 1500 J/kg；水汽场上，925 hPa 比湿为 10～12 g/kg，500 hPa 中层干区相对湿度低于 30%；动力场上，0～6 km 垂直风切变达 24 m/s。

3.1.3　中尺度对流系统特征

本次过程主要中尺度影响系统为飑线，其中含有超级单体风暴。

17 日 18 时 30 分前后，河北南部、山东北部等地有对流系统生成并发展。20—22 时，对流单体在山东中东部等地逐渐组织化发展，呈现线状对流系统特征；对流系统在东移南压过程中合并加强，最强回波强度大于 60 dBZ，山东中南部出现局地风速大于 32 m/s 的雷暴大风。22 时左右，强回波系统南压至山东南部，发展成近东北—西南向的飑线。18 日 00 时左右，飑线系统东移南压进入江苏北部；02—03 时逐渐东移入海，强度减弱；03 时后消散，飑线过程结束(图 3.3)。

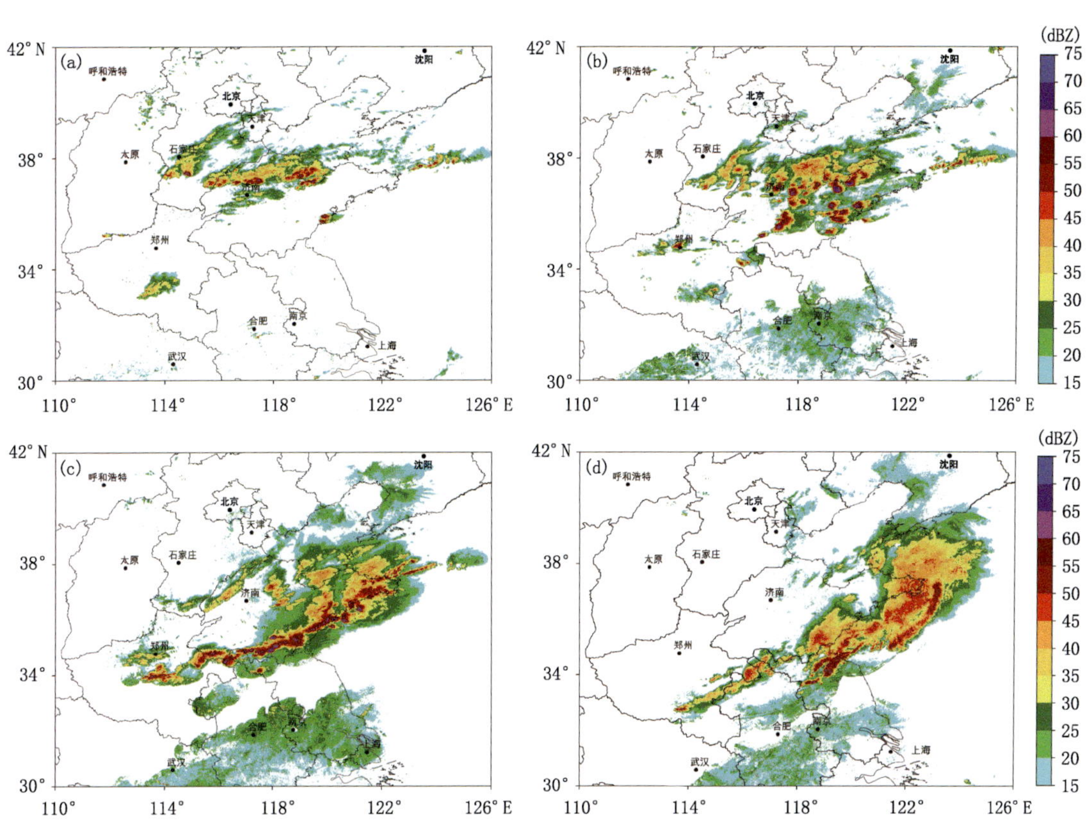

图 3.3　6 月 1—2 日华北等地雷暴大风和短时强降水天气
(a)17 日 18 时 30 分;(b)17 日 20 时;(c)17 日 22 时;(d)18 日 01 时

3.2　6 月 1—2 日黄淮、江汉、江淮雷暴大风天气

3.2.1　实况与灾情

此次过程受 500 hPa 东移高空槽、低层切变系统和低空急流共同影响，发生在华北等地的一次大范围强对流天气过程。强对流类型以雷暴大风为主，局地伴随短时强降水和冰雹（图 3.4）。此次强对流天气影响范围广、强度强，山西、河北、山东等地出现大范围 8～11 级雷暴大风，山东夏津、高唐、长清等地出现直径达 20 mm 冰雹。

3.2.2　环境场特征

本次过程是在高空槽和低层切变系统共同影响下发生的。1 日高空槽东移过程中，引导其后部冷空气自西北向东南影响华北等地，叠加在低空西南暖湿气流上，造成大范围强对流天气。入夜之后，随着冷空气进一步东移南压，低层温度逐渐降低，不稳定条件减弱，强对流趋于减弱消散。

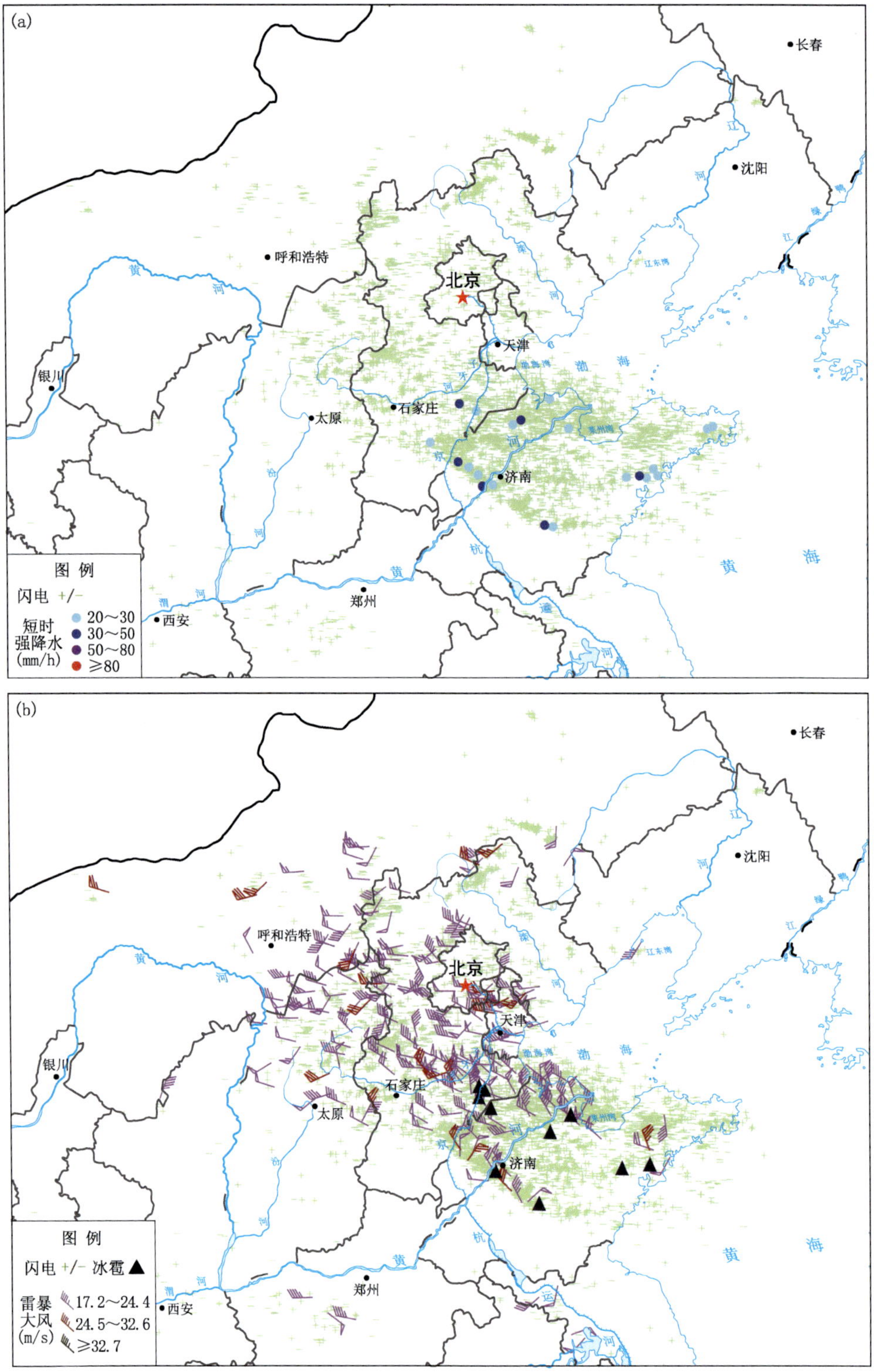

图 3.4　6 月 1 日 13 时—2 日 03 时强对流天气实况

(a)闪电和短时强降水；(b)闪电、冰雹和雷暴大风本次强对流天气的最强时段为 1 日 13 时—2 日 03 时。1 日 14 时，高空槽位于内蒙古中南部至华北西部地区（图 3.5a），华北地区高空冷空气与低空暖脊叠加。以河北南部 1 日 14 时的温度-对数压力图（图 3.5b）为例：热力场上，850 hPa 和 500 hPa 温差最大超过 36 ℃，河北中南部 CAPE 达 1000 J/kg；水汽场上，925 hPa 比湿 8～10 g/kg，500～400 hPa 中层干区明显；动力场上，0～6 km 垂直风切变达 30 m/s（图 3.5b）。

3.2.3 中尺度对流系统特征

本次过程中，河北中南部主要中尺度影响系统为飑线，山东先后受到超级单体风暴和飑线系统影响。

1 日 13 时，沿高空槽前低层切变线在山西中北部触发线状多单体对流系统；同时，暖区山东、江苏等地有分散性对流单体形成并发展。14—16 时，山东西部的对流单体逐渐发展加强为超级单体风暴，回波强度大于 60 dBZ，造成局地 9 级以上雷暴大风；沿切变线系统的线状对流系统东移至河北西部，并在 17—19 时下山迅速加强为飑线系统，造成局地风速为 30 m/s 的雷暴大风。入夜后飑线系统继续东移，2 日 00 时左右，飑线主体位于山东北部，02—03 时东移南压后消散（图 3.6）。

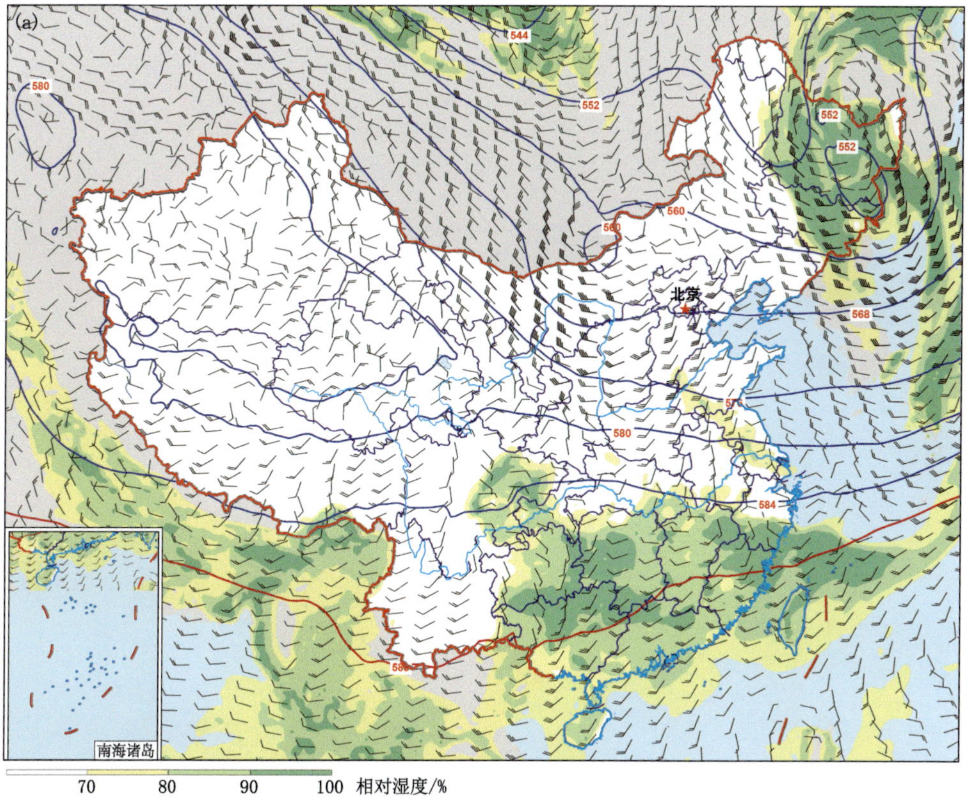

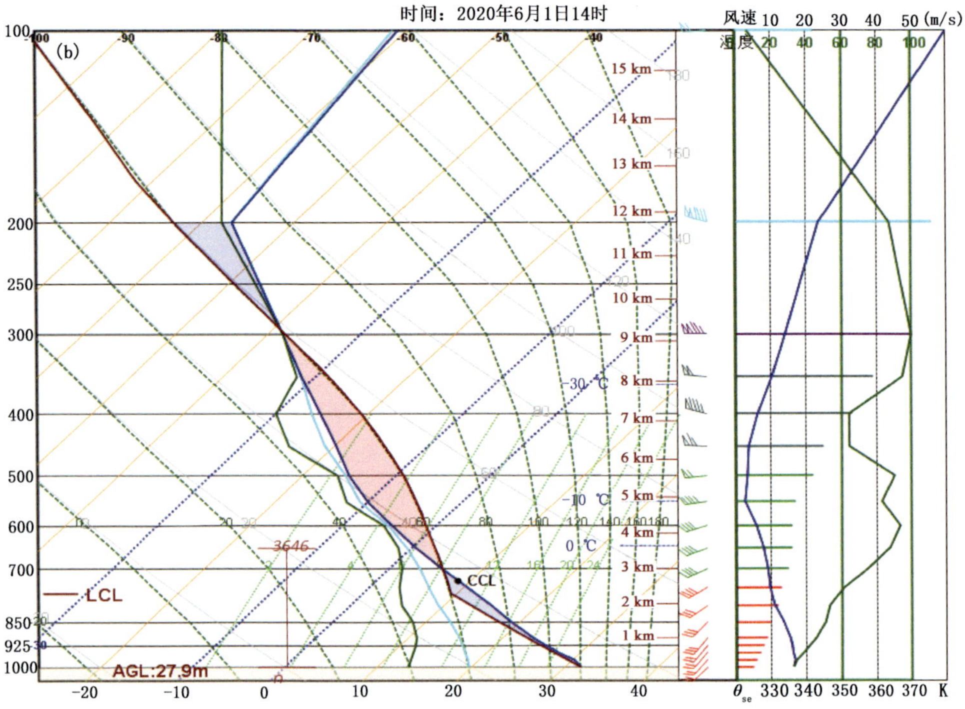

图 3.5　6 月 1 日 14 时 500 hPa 高度场、850 hPa 风场和相对湿度场(a)和
6 月 1 日 14 时河北南部(115°E,37°N)温度-对数压力图(b)

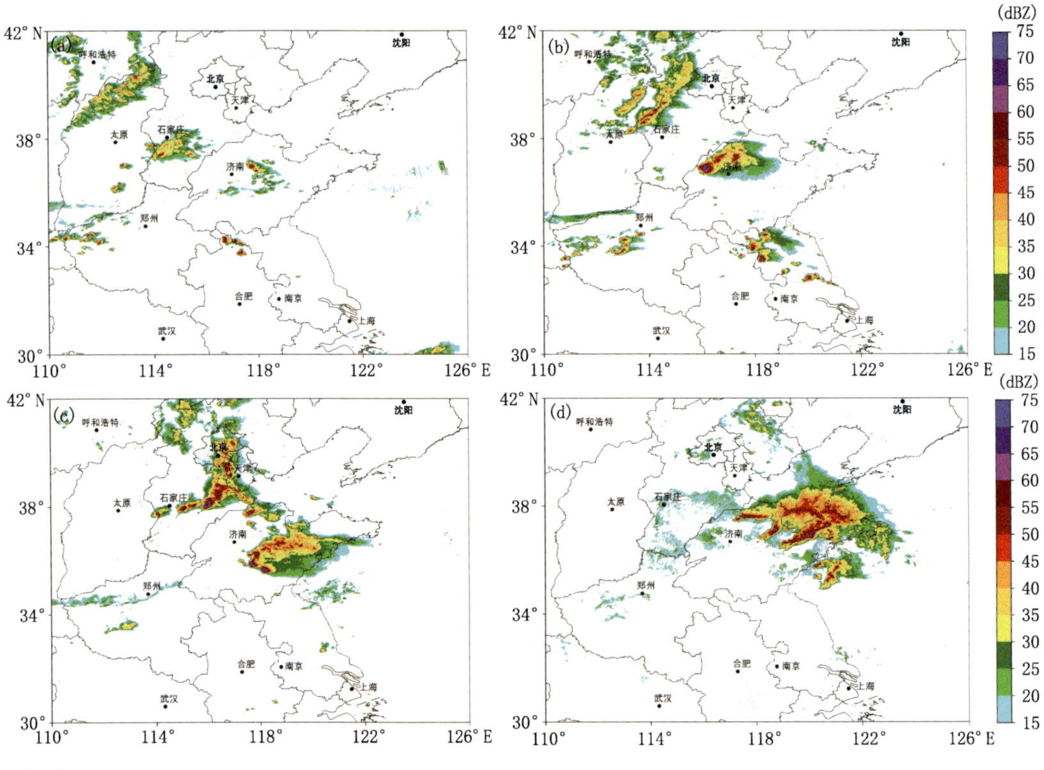

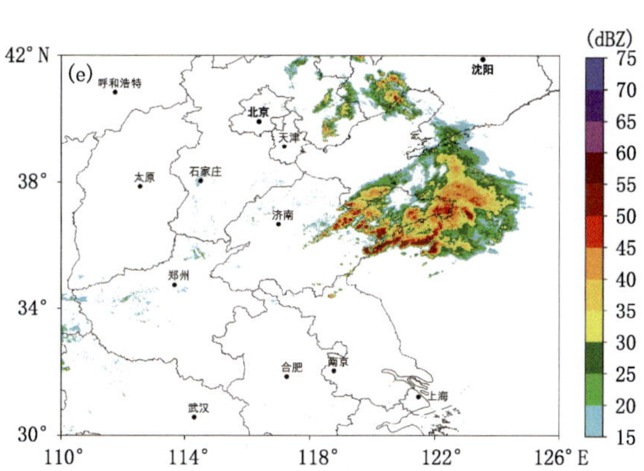

图 3.6　6 月 1—2 日中尺度对流系统雷达回波实况演变

(a)1 日 13 时;(b)1 日 16 时;(c)1 日 19 时;(d)2 日 00 时 10 分;(e)2 日 03 时 10 分

3.3　6 月 12—13 日长江中下游混合型强对流天气

3.3.1　实况与灾情

2020 年 6 月 12 日 08 时—13 日 23 时,长江中下游地区出现了大范围雷暴大风和短时强降水天气,12 日 12—18 时苏皖地区以及 12 日 20 时—13 日 02 时湖北东部和安徽中部部分地区出现 8～10 级雷暴大风,多站小时雨量超过 80 mm(图 3.7)。其中,12 日午后江苏西部局地瞬时风力超过 11 级,13 时 48 分—14 时 10 分,高邮城南区勤王、管伙和浩芝三个村遭受 EF1-EF2 级(参考“美国天气局龙卷标准(Enhanced Fujita Scale)”)龙卷袭击,龙卷及地宽度 80 m 左右,路径 1 km 左右,跳跃式自西向东移动。

此次过程造成群众财产、公共设施和农业设施等各类损失 1500 万元以上,变电设施损坏导致部分地区供电和通信中断数小时,243 户房屋受损,4 人受伤(灾情来源:江苏省气象台)。

3.3.2　环境场特征

本次长江中下游地区强对流过程主要受高空槽、低空急流和切变线共同影响产生。

6 月 12 日 08 时,高空槽位于四川东部到贵州西部,在西南地区东部和苏皖地区低空有明显的风向切变辐合(图 3.8a)。以南京附近 12 日 14 时的温度-对数压力图(图 3.8b)为例:热力场上,长江中下游地区最大 CAPE 超过 1000 J/kg;水汽场上,850 hPa 比湿超过 14 g/kg,整层可降水量超过 60 mm;动力场上,850 hPa 存在大于 12 m/s 的低空急流,垂直风切变在苏皖北部达到 16 m/s 以上。

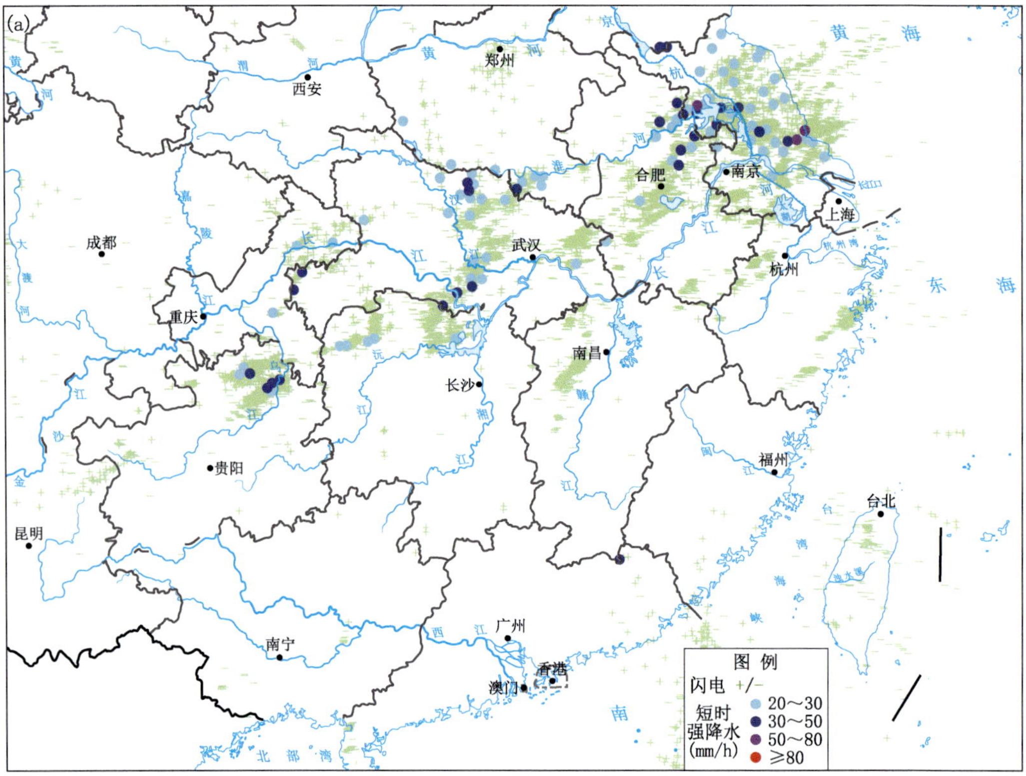
(a)
西安
郑州
合肥
南京
上海
杭州
武汉
成都
重庆
长沙
南昌
贵阳
福州
台北
昆明
广州
南宁
香港
澳门
黄海
东海
南海
北部湾
台湾海峡
图 例
闪电 +/-
短时强降水(mm/h)
20～30
30～50
50～80
≥80

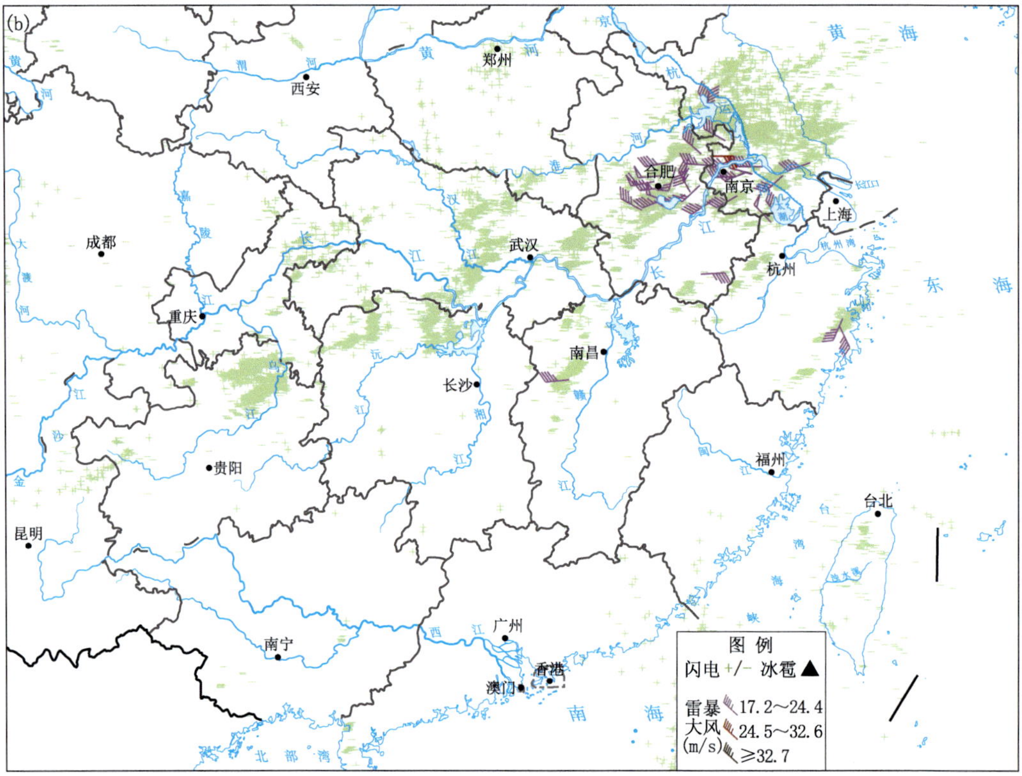
(b)
西安
郑州
合肥
南京
上海
杭州
武汉
成都
重庆
长沙
南昌
贵阳
福州
台北
昆明
广州
南宁
香港
澳门
黄海
东海
南海
北部湾
台湾海峡
图 例
闪电 +/- 冰雹 ▲
雷暴大风(m/s)
17.2～24.4
24.5～32.6
≥32.7

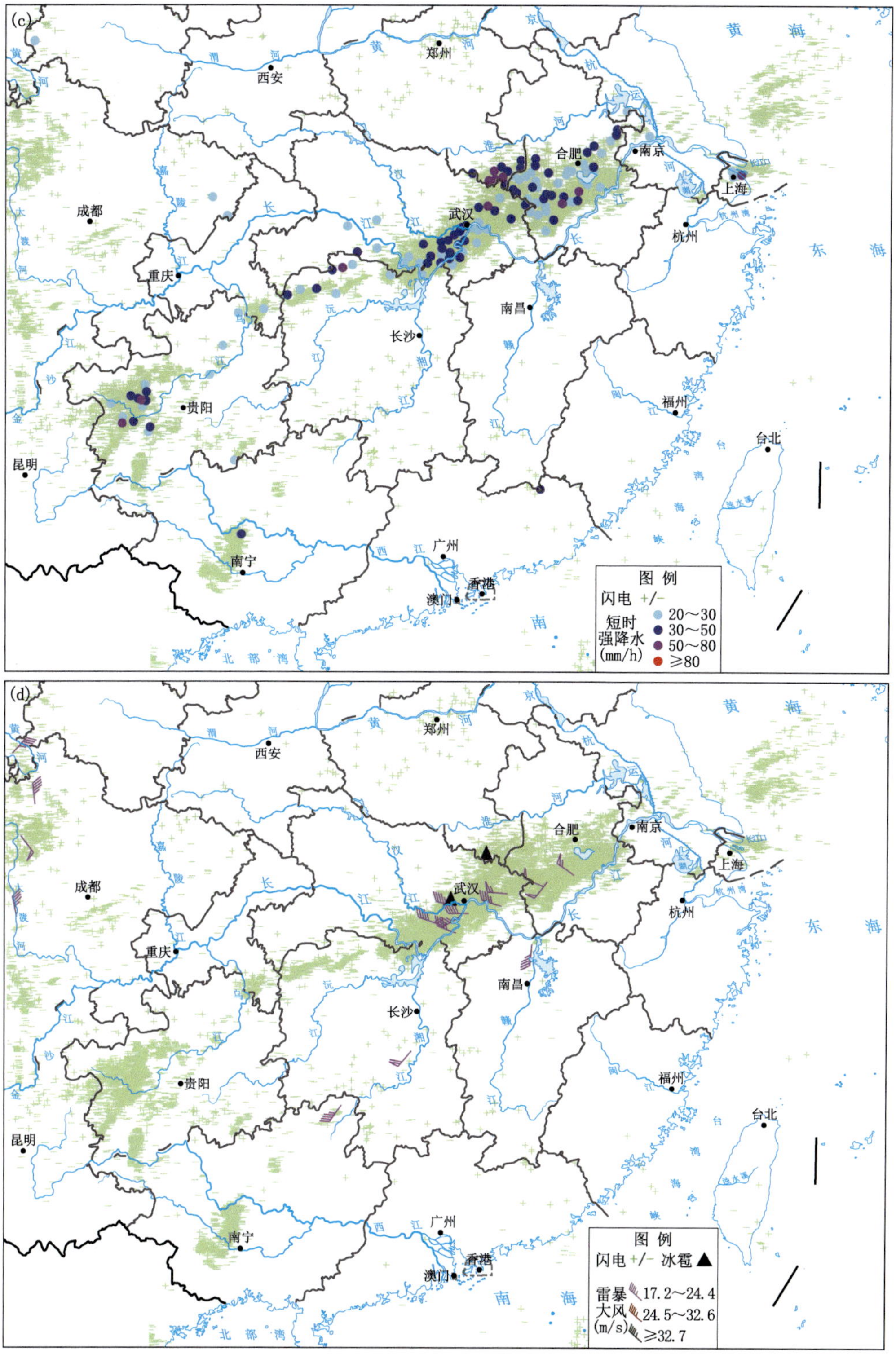

图 3.7　6 月 12—13 日强对流天气实况

(a)12 日 12—18 时闪电和短时强降水；(b)12 日 12—18 时闪电、冰雹和雷暴大风；(c)12 日 20 时—13 日 02 时闪电和短时强降水；(d)12 日 20 时—13 日 02 时闪电、冰雹和雷暴大风

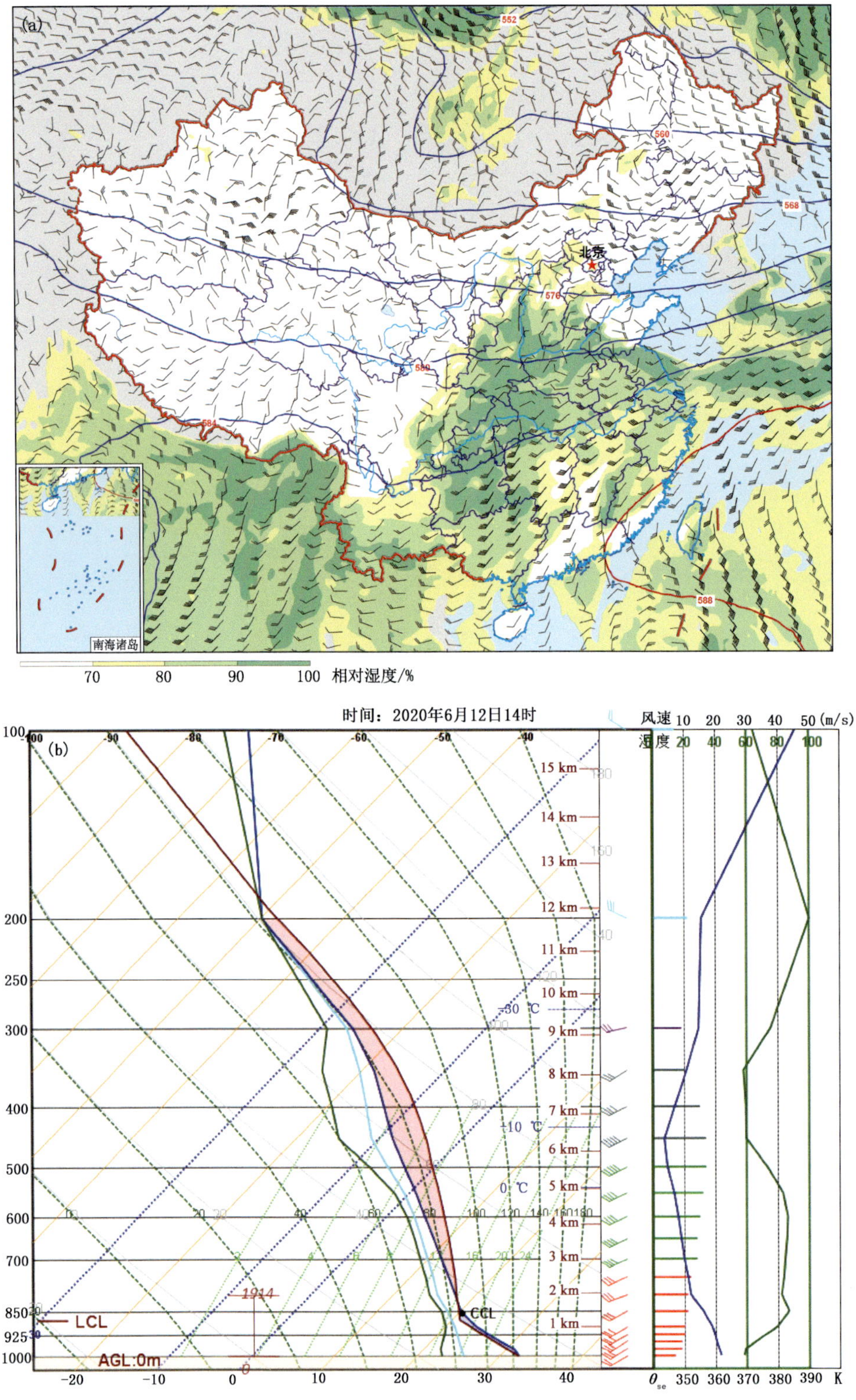

图 3.8　6 月 12 日 08 时 500 hPa 高度场（等值线，单位：dagpm）、850 hPa 风场和相对湿度场（a）和 6 月 12 日 14 时南京附近（119°E，32°N）温度-对数压力图（b）

3.3.3　中尺度对流系统特征

此过程主要中尺度影响系统为线状多单体风暴和超级单体风暴。

对流活动最先沿切变线在贵州、湖北、安徽、江苏等地触发，之后逐渐发展加强。6 月 12 日 08 时，苏皖地区北部已经出现对流系统，回波逐渐东移并加强。到 13 时已发展为超级单体，最大回波强度超过 55 dBZ。12 日 12 时 52 分—13 时 25 分，安徽天长东移的强对流风暴被探测到龙卷涡旋特征和中气旋存在，两者并存超过 30 min。之后对流风暴继续东移发展影响江苏中南部等地，最大瞬时风力达到 11 级，小时最大降水量超过 60 mm。至 19 时，对流风暴主体移出江苏，对流趋于结束。

12 日白天，湖北、河南等地受分散的对流单体影响出现短时强降水天气。18 时之后对流开始发展呈现组织化，20—22 时在湖北东部和河南南部形成东北—西南向带状回波，最大回波强度超过 55 dBZ，23 时湖北东部最大小时雨量达 86.4 mm。23 时之后对流系统在东移过程中逐渐合并加强，强回波系统一直维持到 13 日 02 时，之后回波形态逐渐松散，强度减弱，该时段强对流天气结束（图 3.9）。

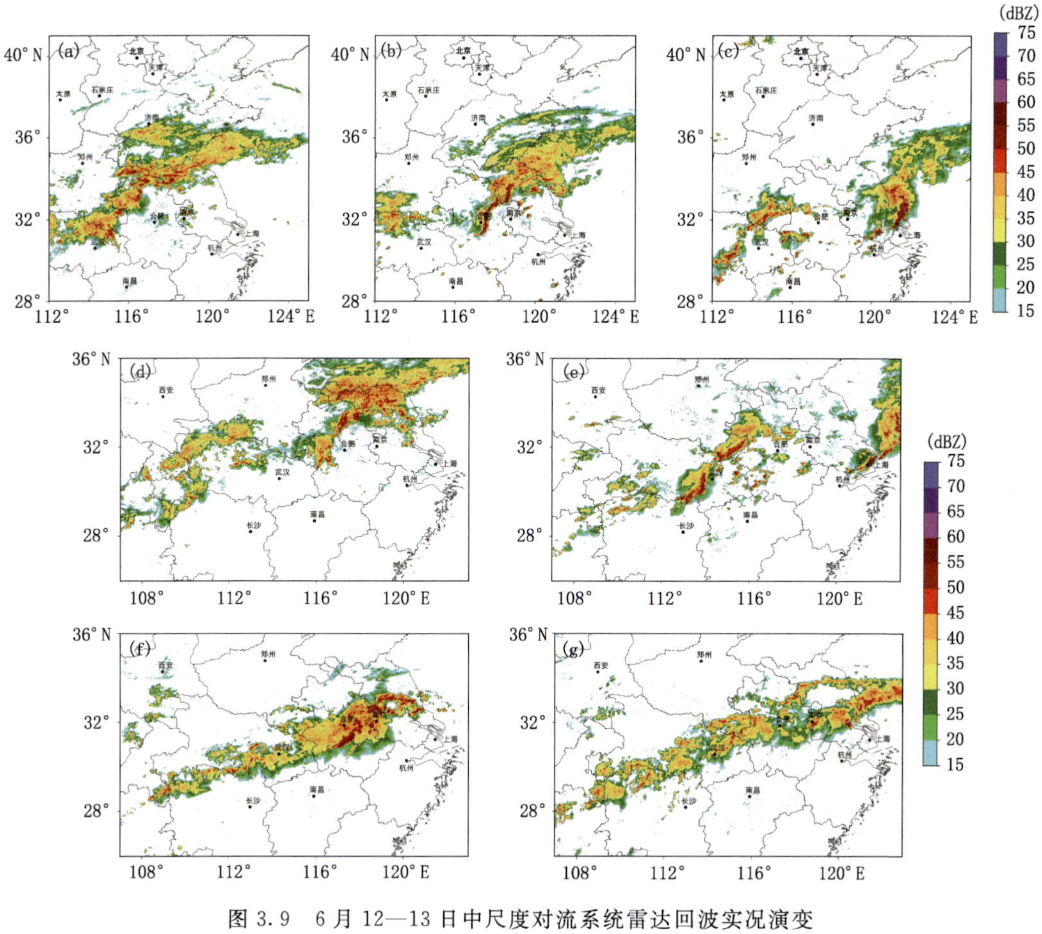

图 3.9　6 月 12—13 日中尺度对流系统雷达回波实况演变

(a)12 日 08 时；(b)12 日 13 时；(c)12 日 18 时；(d)12 日 11 时；(e)12 日 20 时；(f)13 日 02 时；(g)13 日 06 时

3.4　6 月 24—26 日华北、黄淮雷暴大风和短时强降水天气

3.4.1　实况与灾情

此次过程是冷涡背景下发生在华北、黄淮等地的一次大范围强对流天气过程，最强时段发生在 24 日 14 时—25 日 02 时和 25 日 14 时—26 日 08 时。强对流类型以雷暴大风和冰雹为主，伴随短时强降水（图 3.10）。此次冷涡影响下的强对流天气过程对流集中在午后至前半夜，24 日下午，内蒙古锡林浩特出现龙卷，甘肃平凉出现直径 50 mm 的冰雹。25 日下午，河北保定、蠡县、沧州等多地发生鸡蛋大小冰雹天气，陕西北部、山西、河北、河南北部、山东等部分站点最大风力达 10～11 级。

3.4.2　环境场特征

本次过程是在高空冷涡环境下发生的。24—26 日冷涡东移南压，引导冷空气自北向南影响华北、黄淮等地，连续两日在午后至夜间造成大范围强对流天气。

24 日强对流天气的最强时段为 24 日 14 时—25 日 02 时，影响区域为华北中西部和内蒙古中南部。24 日 14 时，高空冷涡位于蒙古国东部，冷涡底部槽后冷空气南下，在华北西部上空形成上冷下暖分布特征（图 3.11a）。以山西中南部 24 日 14 时的温度-对数压力图（图 3.11c）

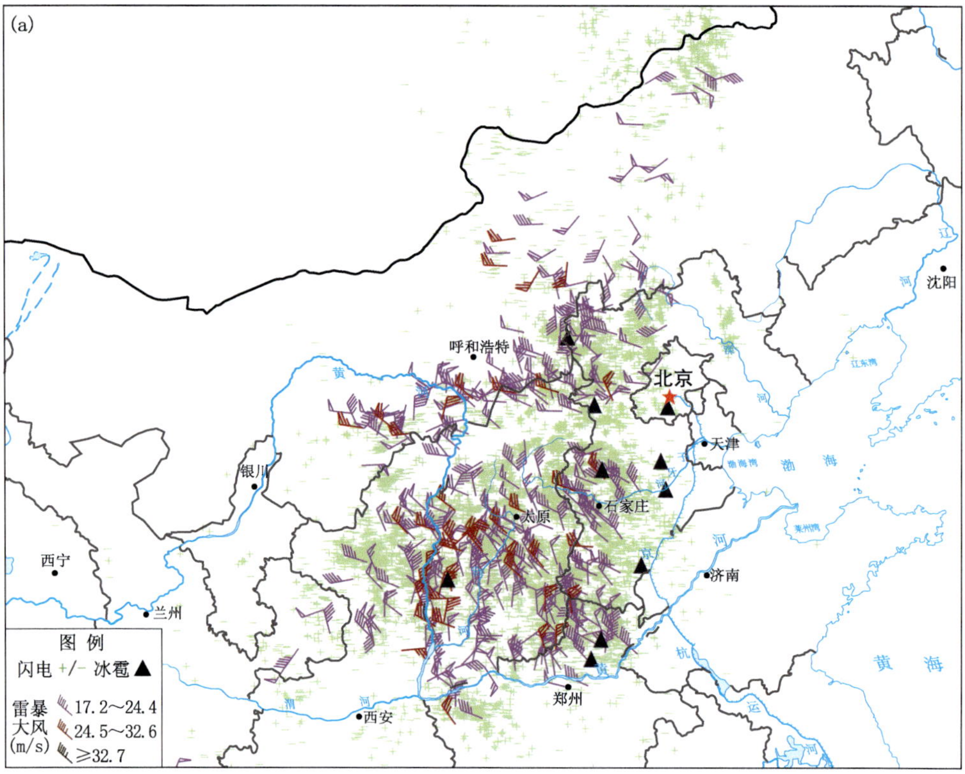

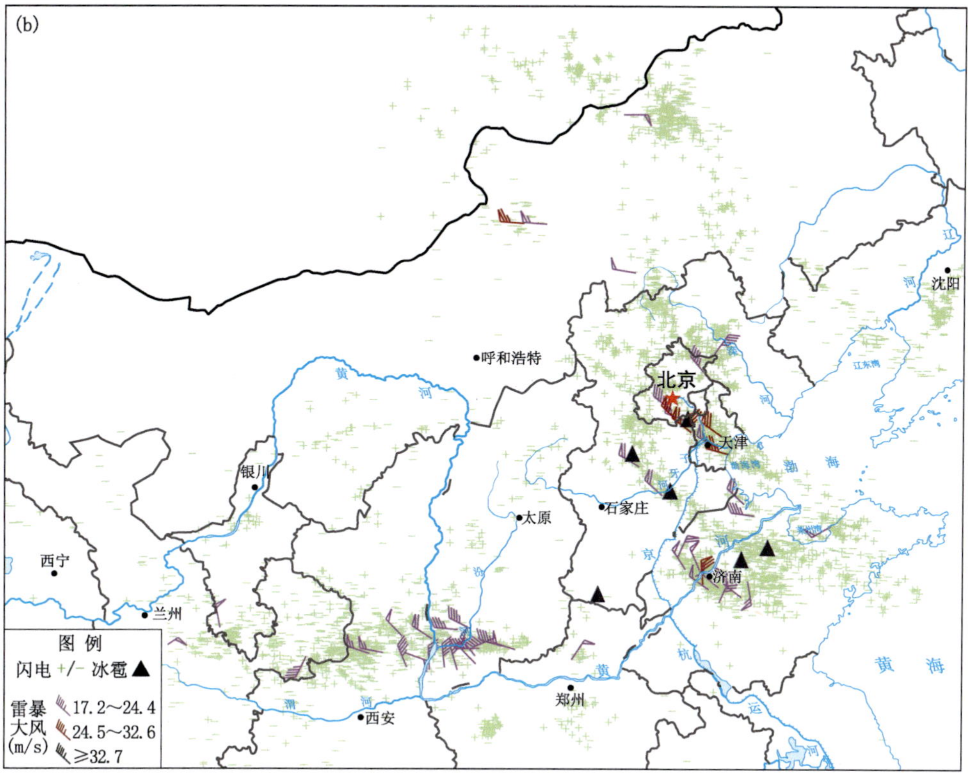

图 3.10　闪电、冰雹和雷暴大风实况

(a)6 月 24 日 14 时—25 日 02 时;(b)6 月 24 日 14 时—25 日 02 时

为例:热力场上,850 hPa 和 500 hPa 温差最大超过 40 ℃,华北中西部 CAPE 达 500 J/kg;水汽场上,925 hPa 比湿 10～14 g/kg,500 hPa 中层干区相对湿度低于 30%,600～700 hPa 有浅薄湿区,探空图中曲线呈现"X"型分布;动力场上,0～6 km 垂直风切变达 16～18 m/s。25 日强对流天气的最强时段为 25 日 14 时—26 日 08 时,影响范围为华北东部和黄淮。25 日 20 时,高空冷涡减弱,高空槽东移至内蒙古东部,槽后冷空气影响黄淮(图 3.11b)。以山东中北部 25 日 20 时的温度-对数压力图(图 3.11d)为例:热力场上,低层风向随高度顺时针旋转有明显暖平流输送,850 hPa 和 500 hPa 温差最大超过 28 ℃,黄淮北部 CAPE 达 1500 J/kg;水汽场上,925 hPa 比湿 12 g/kg,500 hPa 中层干区相对湿度低于 30%,符合高低层上干下湿的配置条件;动力场上,0～6 km 垂直风切变达 26 m/s。

3.4.3　中尺度对流系统特征

本次过程主要由线状对流和超级单体风暴造成。

24 日 14—16 时,陕西、山西和内蒙古中南部等地有分散的多单体对流系统生成并发展;20 时前后,对流组织化呈现线状对流系统特征,形成南北向的飑线系统,最大回波强度大于 60 dBZ,山西和河北中南部等地出现局地大于 10 级的雷暴大风;25 日 02 时左右,对流系统东移至山东西部,强度减弱并趋于消散,飑线过程结束(图 3.12a,b,c)。25 日 14—16 时,河北中北部和北京等地有分散的多单体对流系统生成发展,并向东南方向缓慢移动;20 时前后,河北南

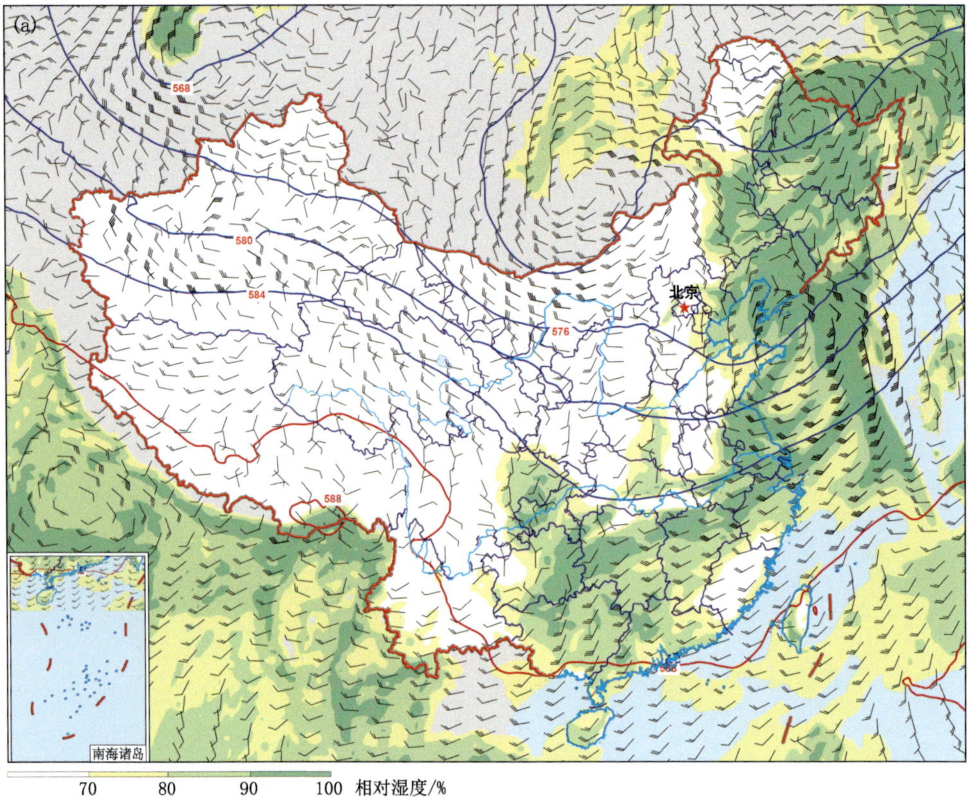
(a)
568
580
584
576
588
北京
南海诸岛
70
80
90
100
相对湿度/%

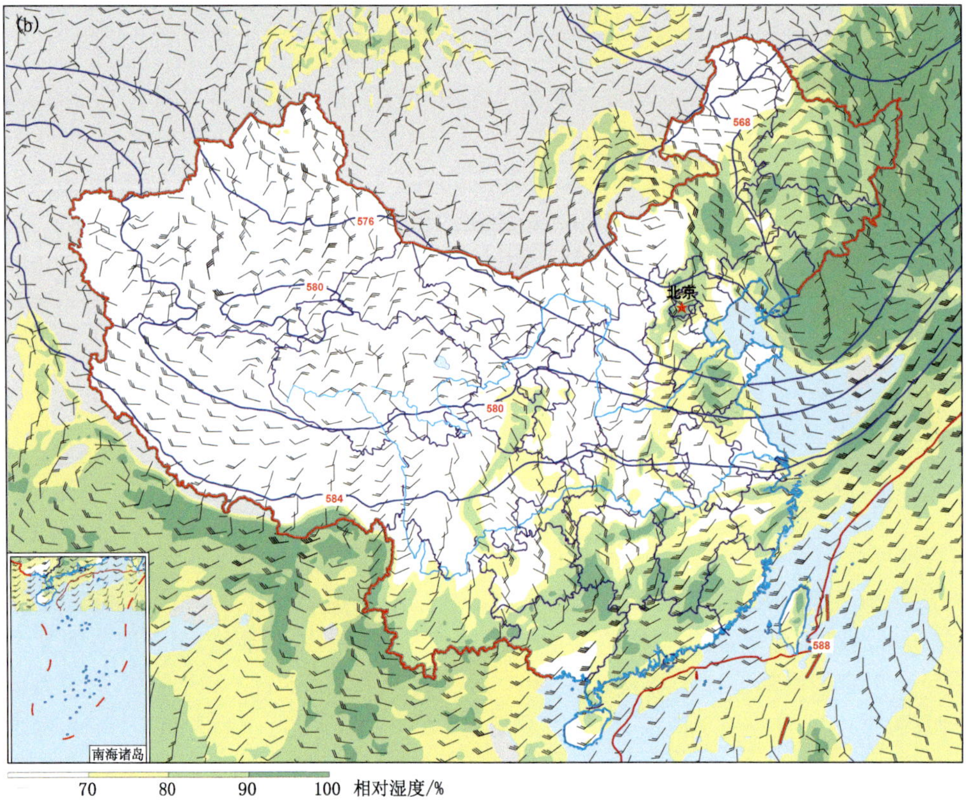
(b)
568
576
580
584
588
北京
南海诸岛
70
80
90
100
相对湿度/%

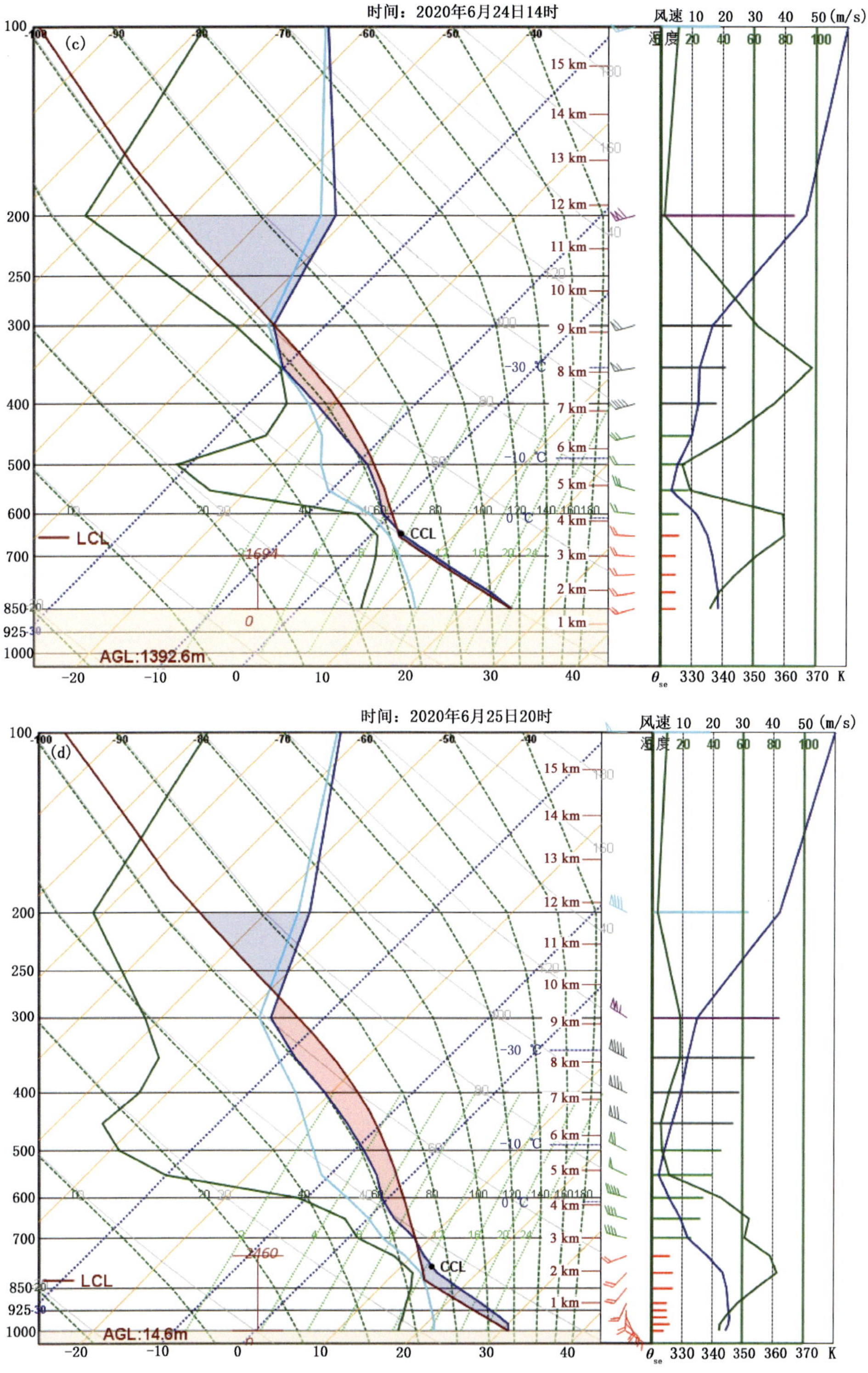

图 3.11　6 月 24 日 14 时 500 hPa 高度场(等值线,单位:dagpm)、850 hPa 风场和相对湿度场(a);6 月 25 日 20 时 500 hPa 高度场、850 hPa 风场和相对湿度场(b);6 月 24 日 14 时山西中南部(113°E,37.5°N)温度-对数压力图(c)和 6 月 25 日 20 时山东中北部(116.5°E,37°N)温度-对数压力图(d)

部的对流单体东移至山东北部，致使山东多地触发较强的对流单体；26 日 00 时，在济南附近出现超级单体风暴，最大回波强度大于 60 dBZ（图 3.12e），出现局地大于 32 m/s 的雷暴大风和冰雹天气；26 日 06 时左右，对流系统东移，多个对流单体合并发展，范围扩大（图 3.12f）；26 日 08 时，对流系统减弱消散。

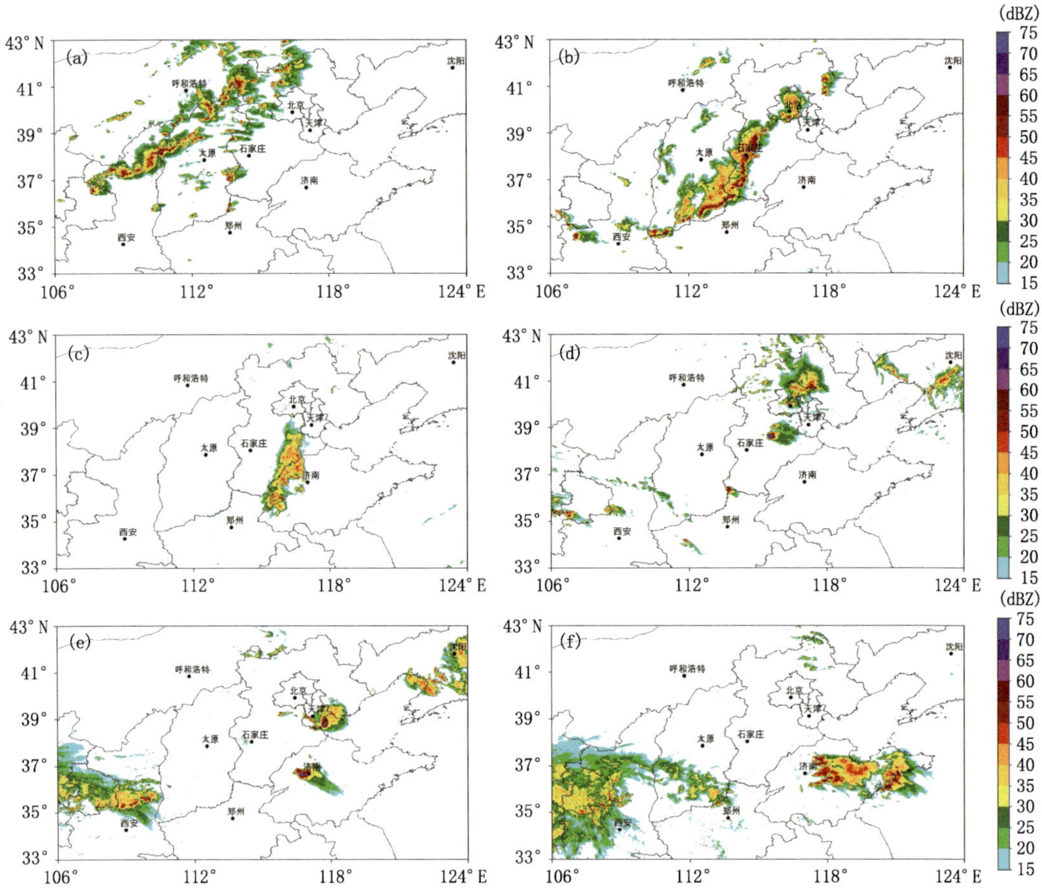

图 3.12　6 月 24—26 日中尺度对流系统雷达回波实况演变

(a)24 日 14 时；(b)24 日 20 时；(c)25 日 02 时；(d)25 日 18 时；(e)26 日 00 时；(f)26 日 06 时

3.5　6 月 26—28 日江淮、江汉、西南地区东部短时强降水天气

3.5.1　实况与灾情

此次过程是 2020 年夏季发生在西南地区东部、江汉、江淮等地，以短时强降水为主、局地伴有雷暴大风和冰雹的一次大范围强对流天气过程。强对流天气主要发生在 26 夜间和 27 日午后至夜间，最强时段为 26 日 22 时—27 日 01 时和 27 日 18 时—28 日 00 时。50 mm/h 以上的短时强降水集中出现在四川盆地南部、重庆西南部、湖北中部等地，单点小时雨量达 80～100 mm（图 3.13）。

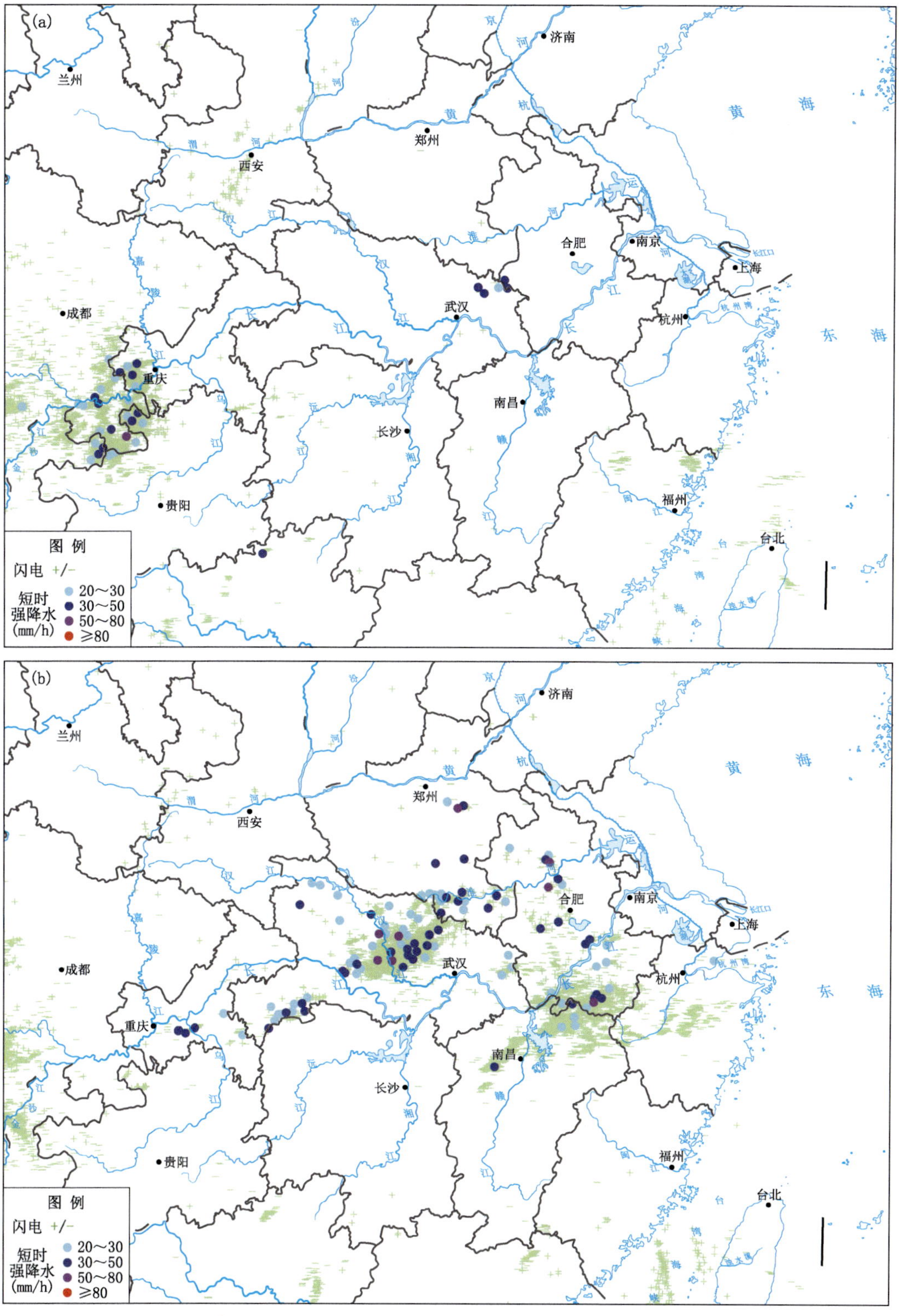

图 3.13　短时强降水实况

(a)6 月 26 日 22 时—27 日 01 时；(b)6 月 27 日 18 时—28 日 00 时

3.5.2 环境场特征

本次过程是在西风槽和副热带高压影响下，西南涡东移发展并诱发江淮气旋产生的强对流过程。

26 日午后冷空气沿盆地西部南下，在盆地南部与偏南气流汇合，生成低涡并向东北方向移动。27 日 20 时，850 hPa 低涡东侧暖式切变线位于湖北至安徽一带，切变线南侧西南急流风速为 12～16 m/s(图 3.14a)。以 27 日 14 时荆门附近温度-对数压力图(图 3.14b)为例：热力场上，850 hPa 和 500 hPa 温差约 23 ℃，CAPE 为 800 J/kg，K 指数为 39 ℃；水汽场上，925 hPa 比湿达 18 g/kg，湿层较为深厚；动力场上，0～6 km 垂直风切变约 14 m/s。

3.5.3 中尺度对流系统特征

本次过程主要中尺度影响系统为在切变线附近发展的多单体对流风暴。

27 日午后，在湖北中西部、河南南部、安徽等地有多单体对流系统发展。27 日 15—16 时冷式切变线东侧对流位于湖北西部，并向东北方向移动。27 日 19 时左右，冷式切变线东段对流系统发展加强，最大回波强度达到 60 dBZ(图 3.15)，造成襄阳、荆门、随州等地出现 50 mm/h 以上的短时强降水，最大小时雨量达 98 mm。28 日 00 时左右，对流强度减弱。

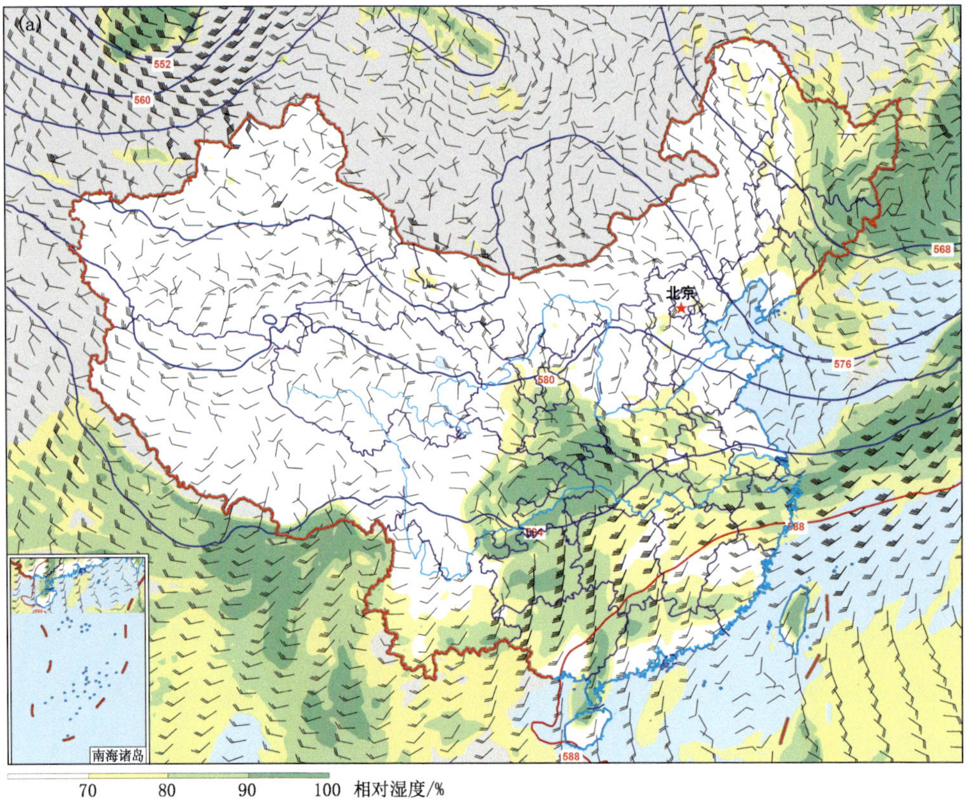

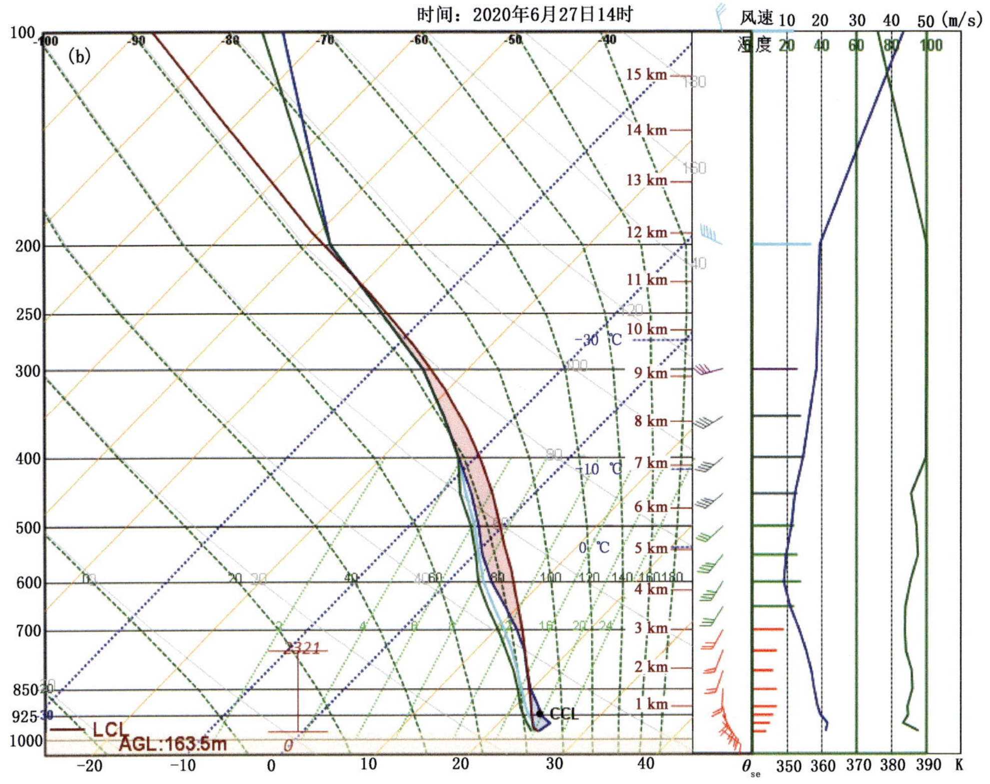

图 3.14　6 月 27 日 20 时 500 hPa 高度场(等值线,单位:dagpm)、850 hPa 风场和相对湿度场(a)和 6 月 27 日 14 时荆门附近(112°E,31°N)温度-对数压力图(b)

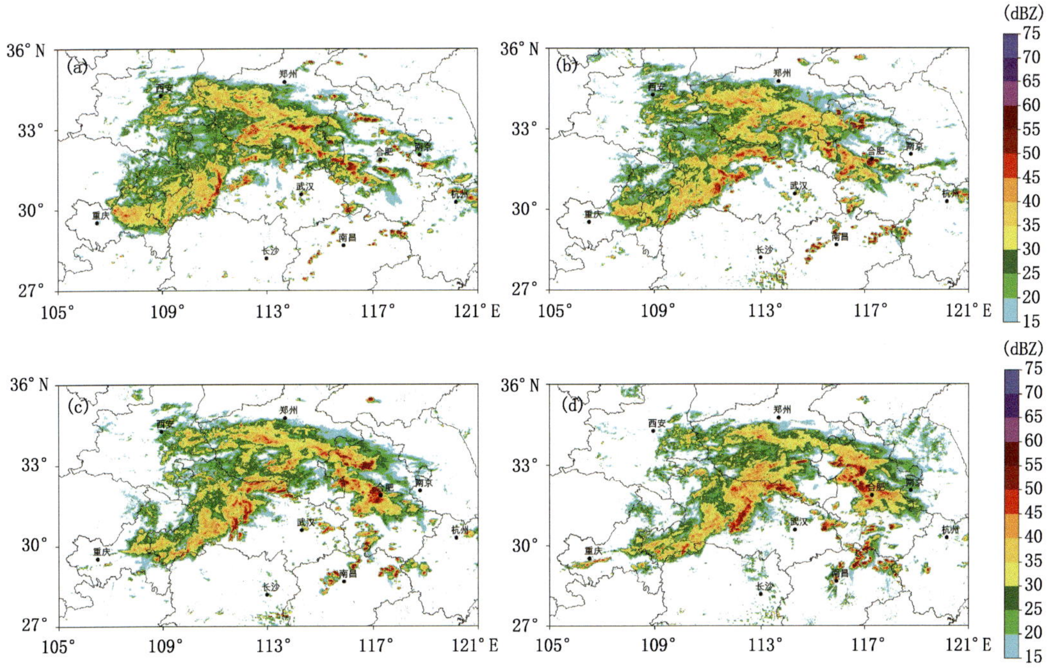

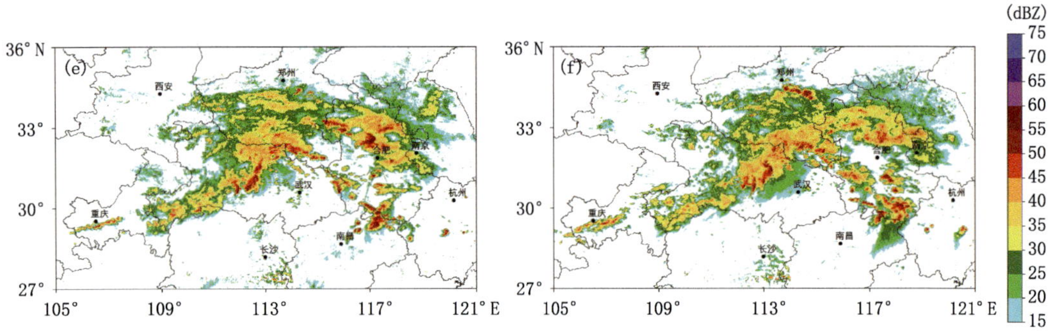

图 3.15　6 月 27 日中尺度对流系统雷达回波实况演变

(a)16 时 30 分；(b)17 时 30 分；(c)18 时 30 分；(d)19 时 30 分；(e)20 时 30 分；(f)22 时

3.6　8 月 1—2 日华北、黄淮雷暴大风和短时强降水天气

3.6.1　实况与灾情

此次过程是东移冷涡配合低层切变线系统，与低空急流共同影响下发生在华北、黄淮等地的一次大范围强对流天气，从 1 日 08 时开始，到 2 日 08 时结束。强对流类型是雷暴大风、冰雹，并伴随短时强降水的混合型强对流天气（图 3.16）。此次强对流天气过程风雹天气范围广、强度大，内蒙古中部偏南地区、山西、陕西、河北、天津、山东等地出现大范围 8～10 级雷暴大风，局地伴随冰雹。天津、河北南部、山东中西部及河南西部等多地出现 50～80 mm/h 短时强降水，河南西部最大小时雨量达 92.2 mm。

3.6.2　环境场特征

本次过程是在冷涡和低层切变线系统共同影响下发生的（图 3.17a）。1 日在冷涡东移过程中，引导其后部冷空气自西向东影响内蒙古中部偏南地区，与副热带高压北侧的低空西南暖湿气流交汇，触发强对流天气。

本次强对流天气的最强时段为 1 日 17—22 时。以 1 日 17 时河北中部的温度-对数压力图（图 3.17b）为例：河北中部探空呈显著的“X”型特征，且低层温度递减率接近干绝热递减率；热力场上，850 hPa 和 500 hPa 温差约为 24 ℃，河北中南部 CAPE 达 2000 J/kg 以上；水汽场上，925 hPa 比湿 14～16 g/kg，500 hPa 中层干区相对湿度约为 20%。

3.6.3　中尺度对流系统特征

本次过程主要中尺度影响系统为飑线。

8 月 1 日 08 时，沿冷涡槽底、低层切变线处，即内蒙古中部偏南地区触发线状多单体对流系统，系统在向东移动的过程中逐渐加强。午后，对流系统向偏东南方向移动，17—22 时对流系统移至河北中南部高能高湿区域，对流系统前部的强回波带显著加强，最大回波强度超过 60 dBZ，形成飑线，给河北中南部带来 9 级以上雷暴大风和冰雹。与此同时，河南北部、山东中

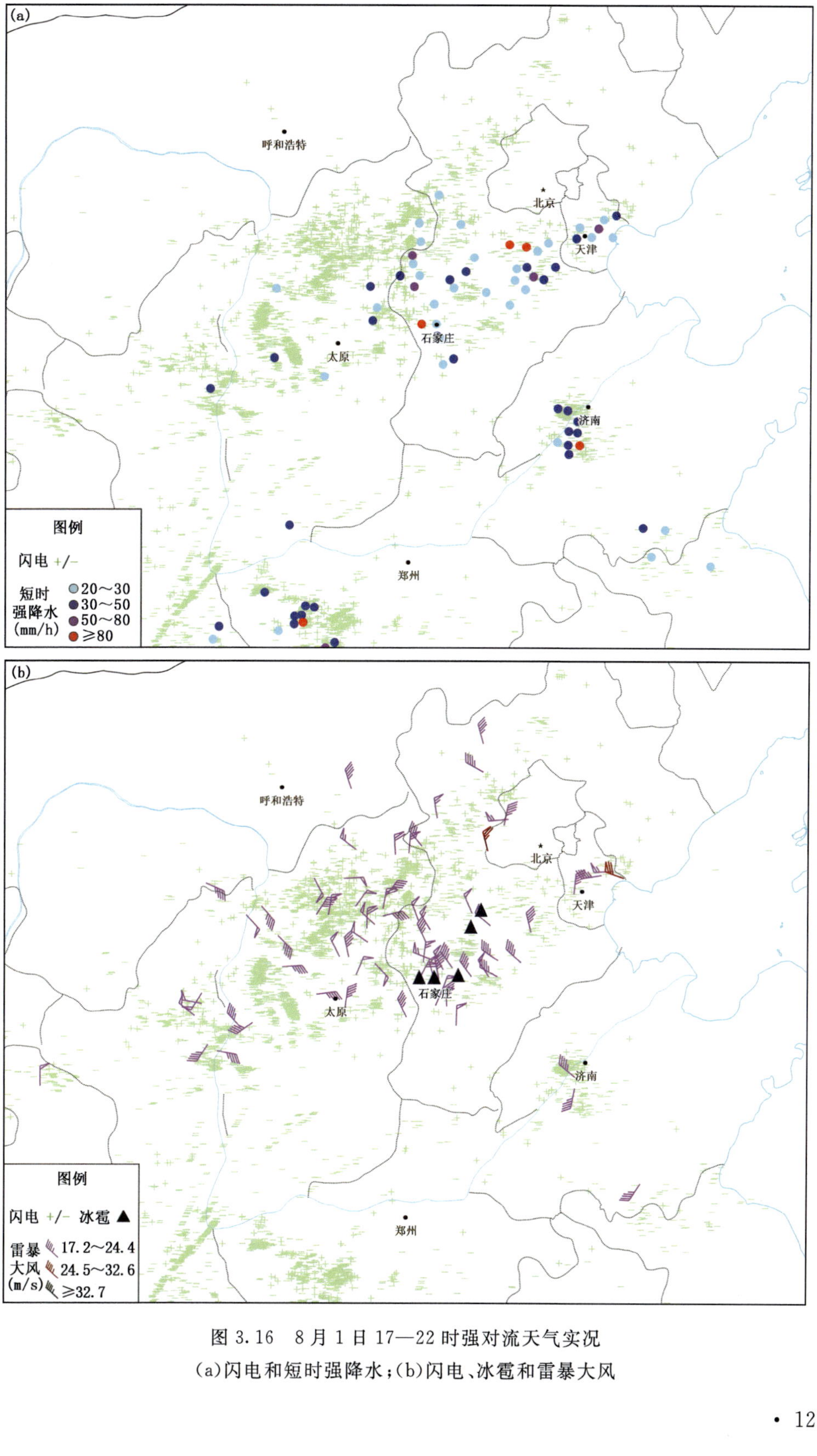

图 3.16　8 月 1 日 17—22 时强对流天气实况
(a)闪电和短时强降水；(b)闪电、冰雹和雷暴大风

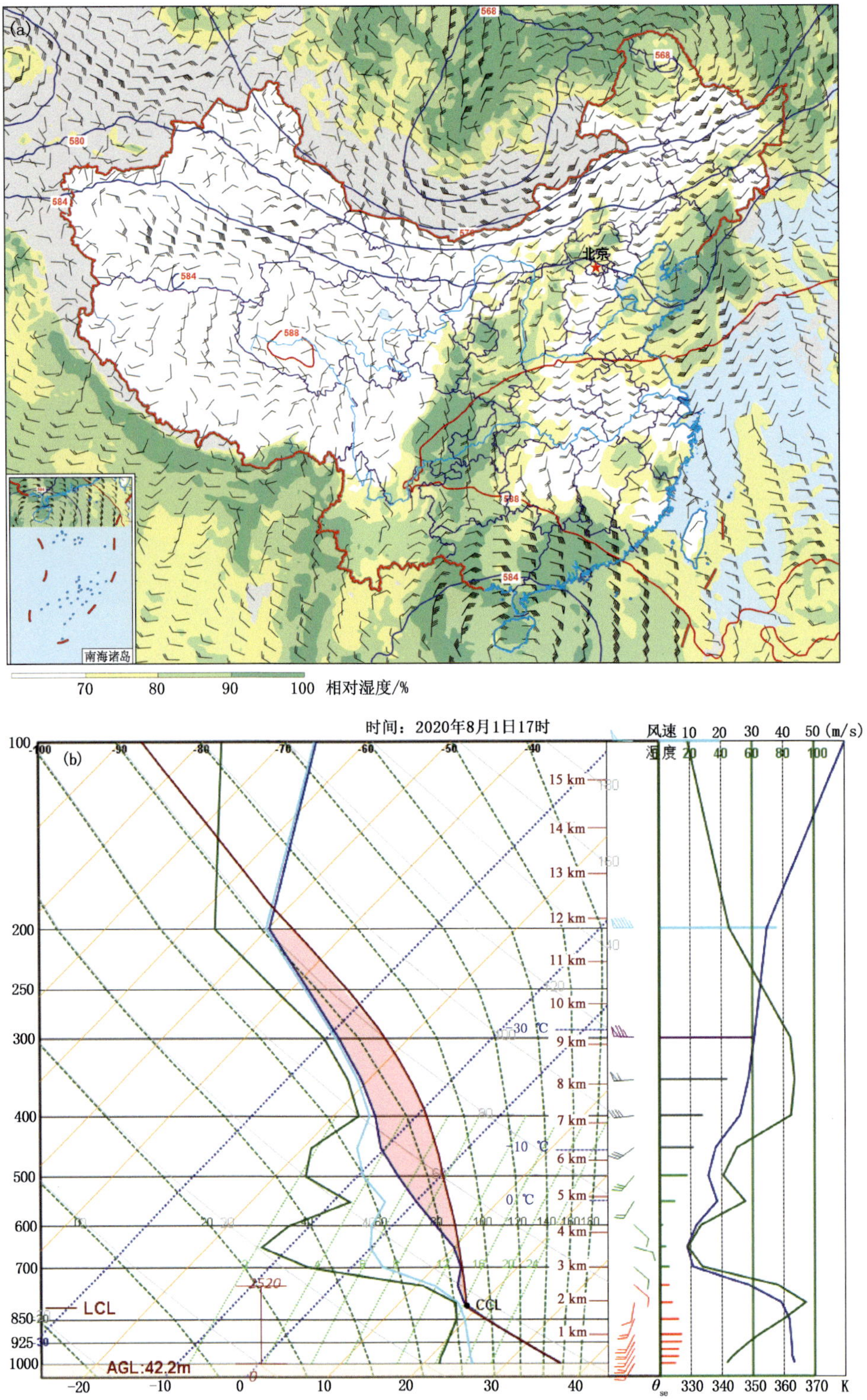

图 3.17　8 月 1 日 08 时 500 hPa 高度场(等值线,单位:dagpm)、850 hPa 风场和相对湿度场(a)和 8 月 1 日 17 时河北中部 (115°E,39°N)温度-对数压力图(b)

南部也有分散的对流触发和发展，在向东北方向移动的过程中逐渐增强。2 日 02 时前后，东南向移动影响河北的对流系统与东北向移动影响山东的对流系统合并加强，局部地区回波强度超过 65 dBZ，在山东南部产生 9 级左右的雷暴大风和短时强降水。合并后的对流系统继续向东偏北方向移动，2 日 05 时前后影响山东南部沿海，其南侧对流再度加强为飑线，此后东移入海(图 3.18)。

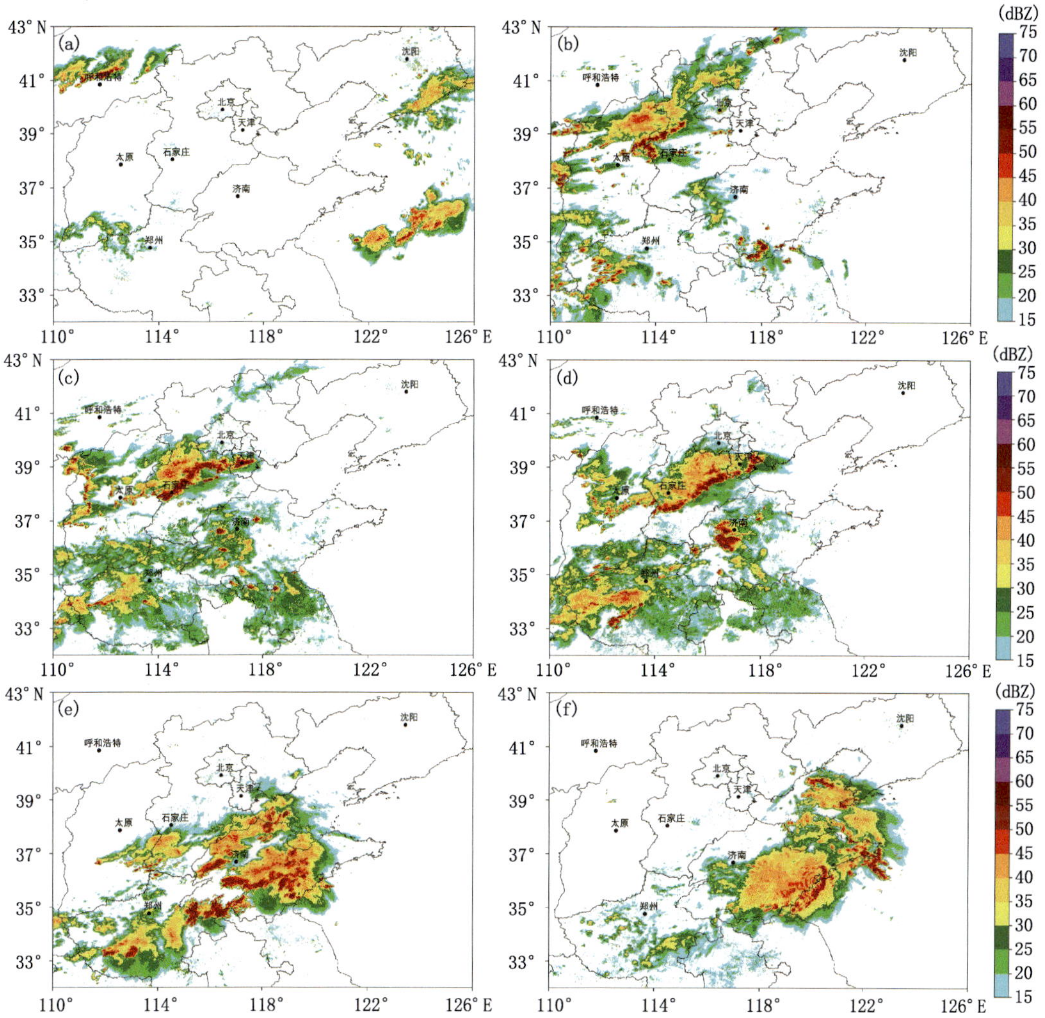

图 3.18　8 月 1—2 日中尺度对流系统雷达回波实况演变

(a)1 日 10 时；(b)1 日 18 时；(c)1 日 20 时；(d)1 日 21 时 20 分；(e)2 日 02 时；(f)2 日 07 时

3.7　8 月 9—10 日华北雷暴大风和冰雹天气

3.7.1　实况与灾情

此次过程是高空冷涡及其南侧高空槽东移过程中配合低层切变线，发生在华北等地的一次大范围强对流天气过程。具有明显的日变化特征，对流集中在午后至夜间。

强对流天气最强时段发生在9日14时—10日02时。内蒙古中部、陕西北部、山西中南部、北京、河北中北部、天津等地出现以雷暴大风为主，部分地区伴有短时强降水、冰雹和龙卷等强对流天气过程（图3.19）。9日15时35分，包头市达茂旗希拉穆仁镇遭龙卷袭击，造成28人受伤。北京延庆、怀柔、昌平、顺义出现冰雹，昌平最大冰雹直径超过50 mm，朝阳最大小时雨量50.5 mm，最大风速29.3 m/s。

3.7.2 环境场特征

本次过程是在高空冷涡背景下发生的。9日14时—10日02时，高空冷涡位于蒙古国东部且稳定少动，引导冷空气自北向南影响内蒙古南部、华北大部，中高层干冷空气叠加在低空暖湿气流之上，造成较大范围的强对流天气。

9日20时，高空冷涡位于蒙古国东部（图3.20a），高空冷槽与华北地区低空暖脊叠加。以9日20时河北中部温度-对数压力图（图3.20b）为例：热力场上，850 hPa和500 hPa温差最大超过36 ℃，CAPE达1500 J/kg以上；水汽场上，925 hPa和850 hPa比湿均达12 g/kg以上，500 hPa中层干区相对湿度低于30%；动力场上，0～3 km垂直风切变达到20 m/s以上。

3.7.3 中尺度对流系统特征

本次过程主要影响系统包含飑线及超级单体风暴等。

9日13时—14时30分，内蒙古中部偏南地区、河北北部、辽宁西部等地开始有分散的多单体对流系统生成并发展。19—20时，对流系统东移南压过程中部分单体合并加强，最大回

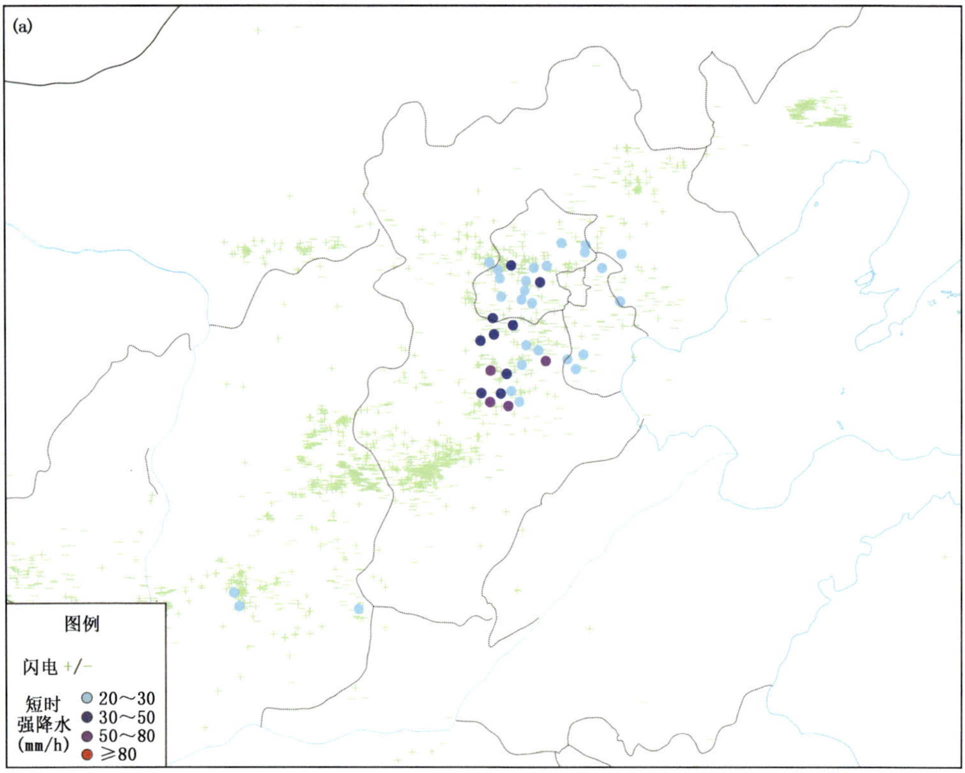

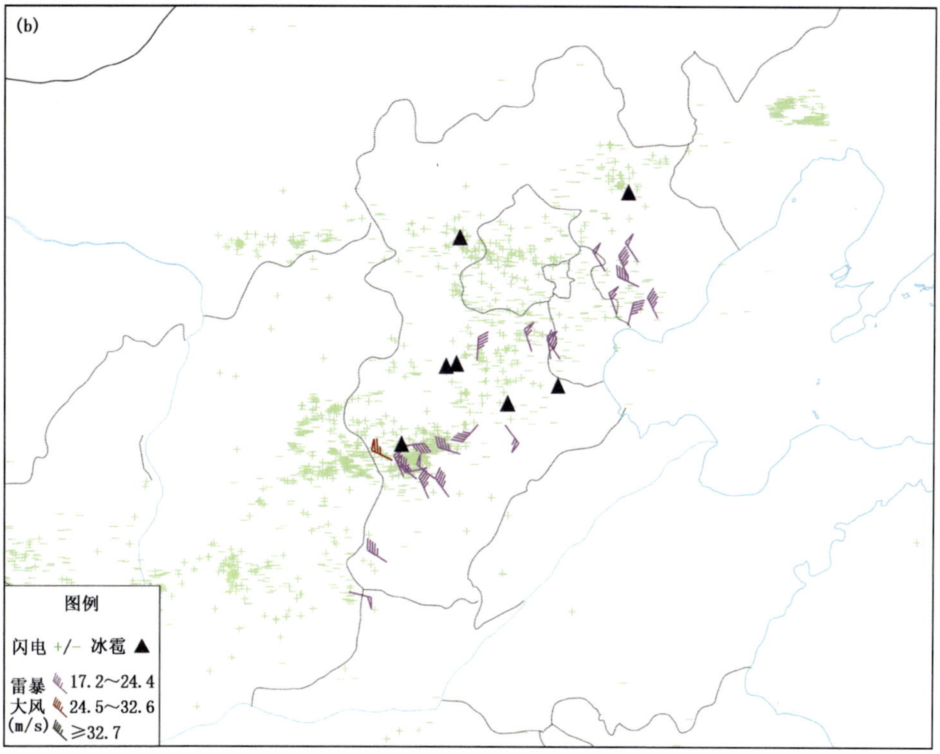

图 3.19　8 月 9 日 20 时—10 日 02 时强对流天气实况
(a)闪电和短时强降水;(b)闪电、冰雹和雷暴大风

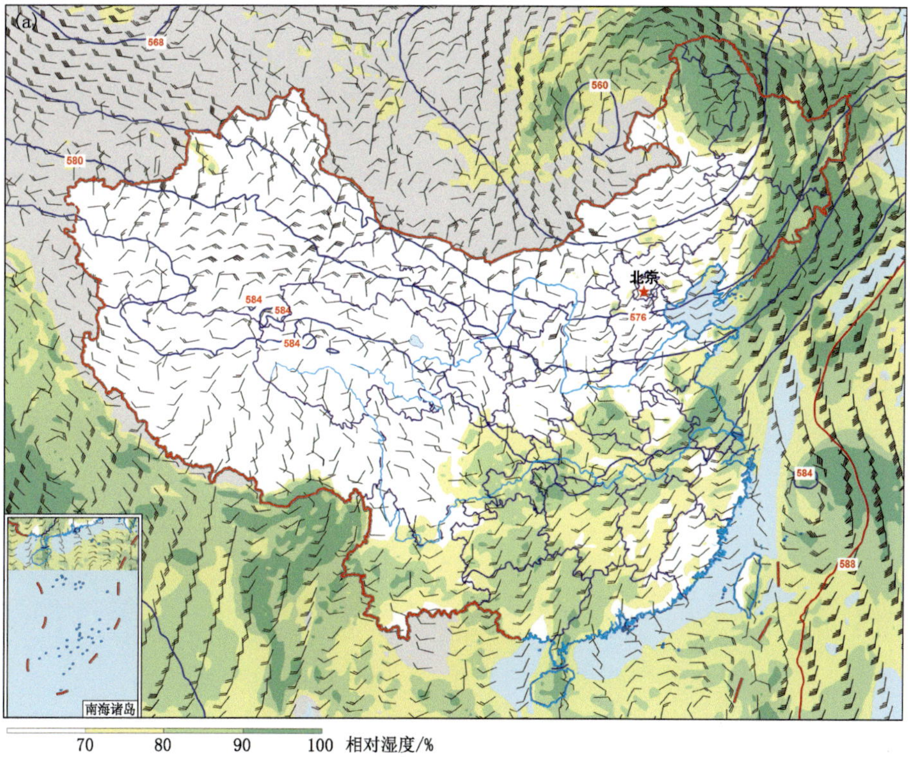

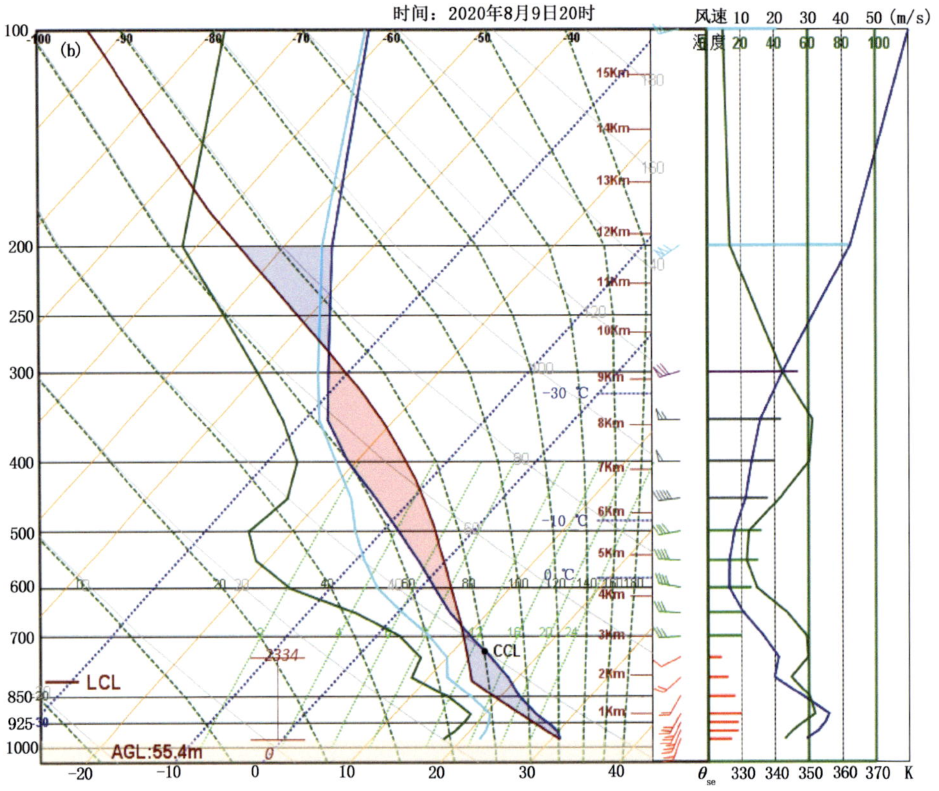

图 3.20　8 月 9 日 20 时 500 hPa 高度场(等值线,单位:dagpm)、850 hPa 风场和相对湿度场(a)和 8 月 9 日 20 时河北中部(116°E,40°N)温度-对数压力图(b)

波强度大于 60 dBZ,河北北部出现局地大于 32 m/s 的雷暴大风。20 时 30 分左右,强回波系统南压至北京中部,发展成近东北—西南向的飑线。22 时 30 分左右,飑线系统东移南压至河北中部、天津北部一带。23 时 30 分左右逐渐断裂成东西两段,东段东移入海后逐渐减弱消散,西段移至雄安附近后再次分裂成东西两个对流系统。东段对流系统东移影响廊坊、天津等地,西段对流系统与石家庄附近东移北上的对流系统合并加强并东移,期间河北中部多地出现小时雨量 50～80 mm,局地超 90 mm 的短时强降水并伴有风雹。至 10 日 05 时,在山东北部减弱逐渐消散,过程结束(图 3.21)。

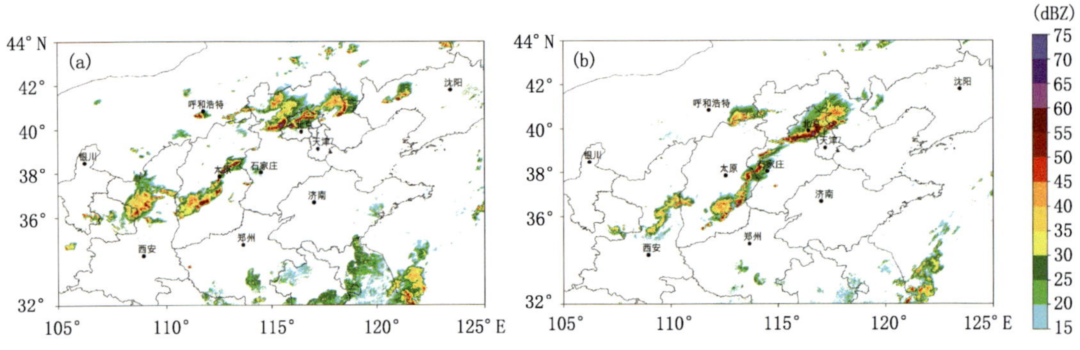

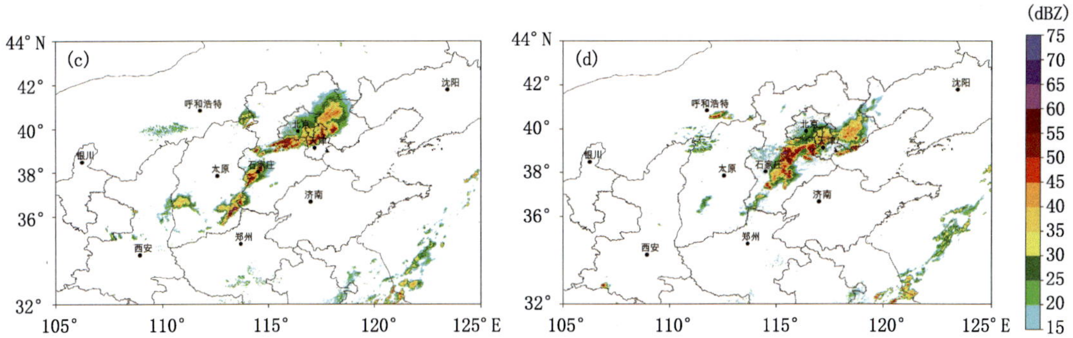

图 3.21　8 月 9—10 日中尺度对流系统雷达回波实况演变

(a)9 日 20 时;(b)9 日 22 时;(c)9 日 23 时;(d)10 日 01 时

3.8　8 月 12—14 日华北、黄淮地区强对流天气

3.8.1　实况与灾情

此次过程是 2020 年 8 月冷涡背景下,发生在东北地区南部、华北、黄淮等地的一次大范围强对流天气过程。强对流主要发生在 12 日 07 时—13 日 02 时和 13 日 13 时—14 日 08 时,以短时强降水天气为主(图 3.22),部分地区伴有 8~10 级雷暴大风或冰雹。

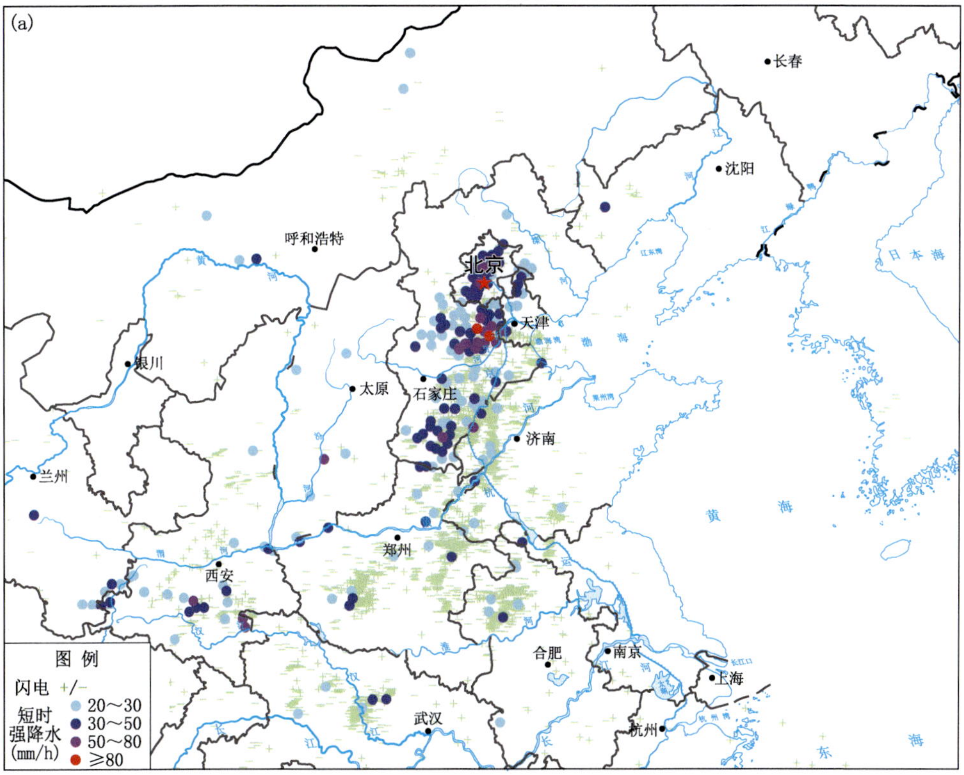

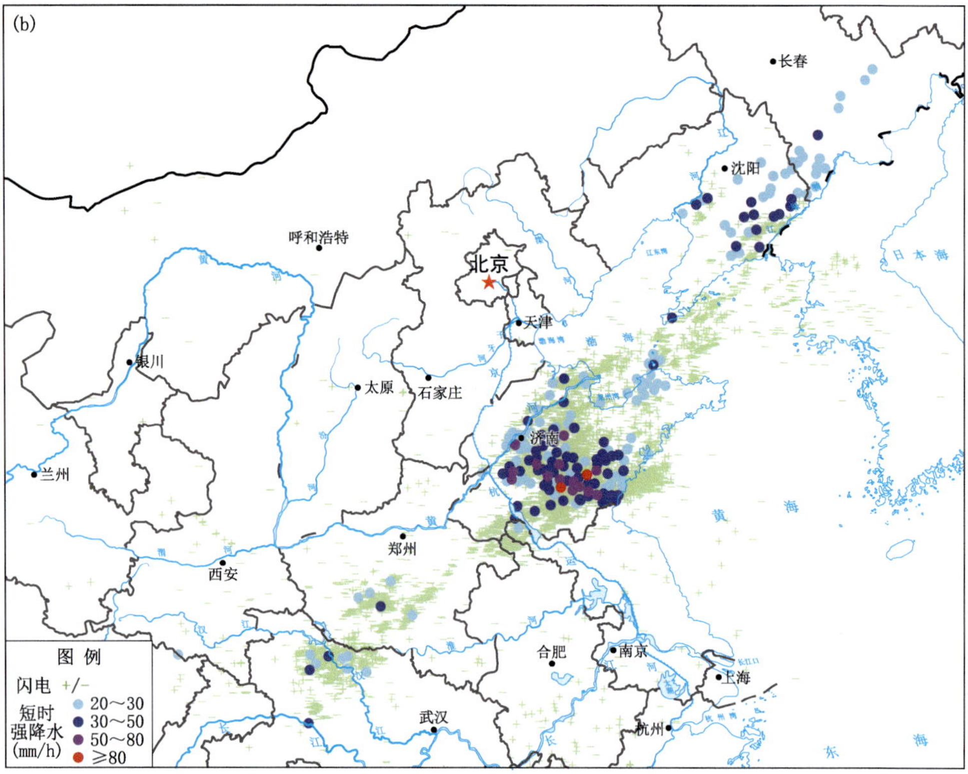

图 3.22　短时强降水天气实况

(a)8 月 12 日 07 时—13 日 02 时；(b)8 月 13 日 13 时—14 日 08 时

12 日 16 时—13 日 02 时，短时强降水主要集中在河北中部，12 日 20—21 时，最大小时雨量达 134.2 mm。13 日 14 时—14 日 08 时，短时强降水南移至山东等地，13 日 21—22 时，山东南部最大小时雨量达 93.5 mm。

3.8.2　环境场特征

本次过程是在高空冷涡环境下发生的，最强时段发生在 12 日 07 时—13 日 02 时、13 日 13 时—14 日 08 时。12 日 02 时开始，高空冷涡在蒙古国中部附近快速发展并缓慢东移(图 3.23a,b)，底部槽前西南急流叠加在低空西南暖湿气流之上，造成大范围短时强降水天气。对流云团向北传播特征明显，局地受列车效应影响，短时强降水持续时间较长。

以 12 日 05 时河北南部温度-对数压力图(图 3.23c)为例：热力场上，CAPE 达 1000 J/kg 以上；水汽场上，河北南部、山东等地中低层相对湿度已达到 70%～90%；动力场上，0～6 km 垂直风切变达 13 m/s 以上并逐渐增大。

3.8.3　中尺度对流系统特征

本次过程主要中尺度影响系统为飑线，其中含有超级单体风暴。

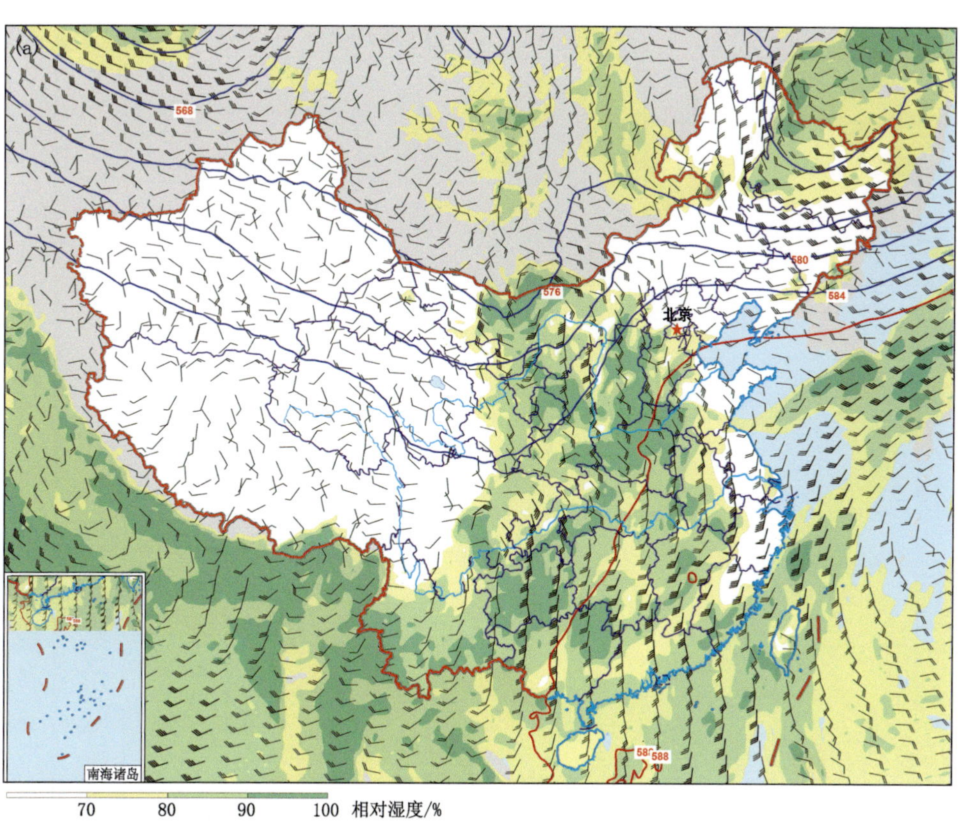
(a)
568
576
580
584
北京
588
南海诸岛
70
80
90
100
相对湿度/%

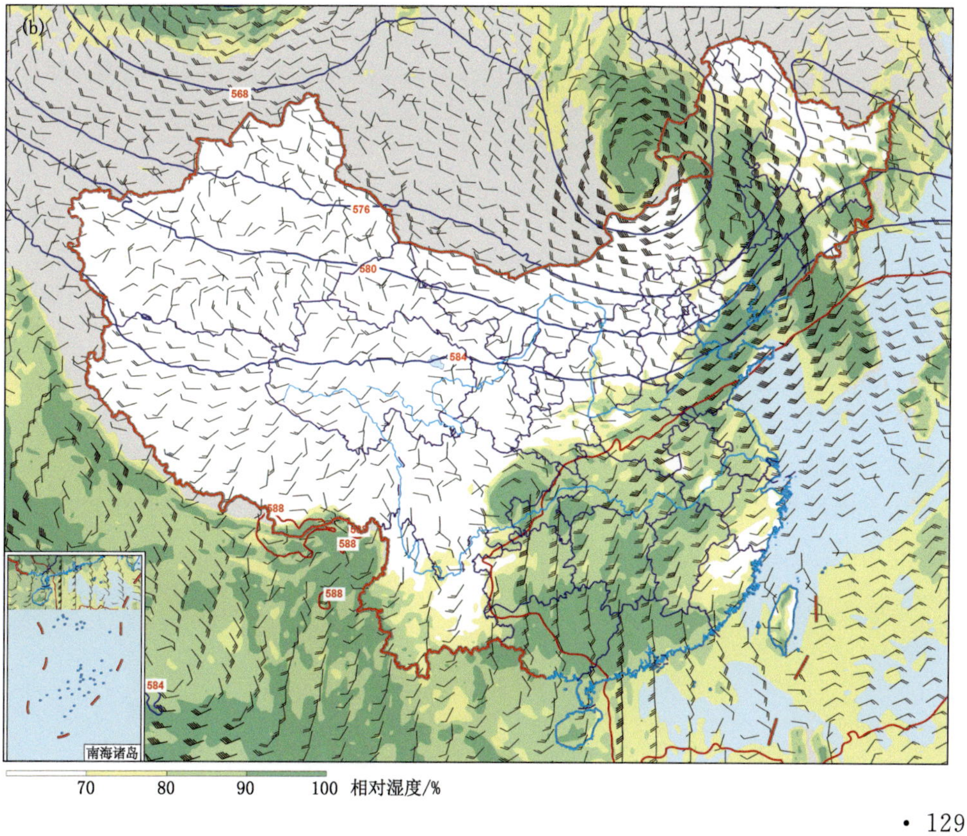
(b)
568
576
580
584
588
南海诸岛
70
80
90
100
相对湿度/%

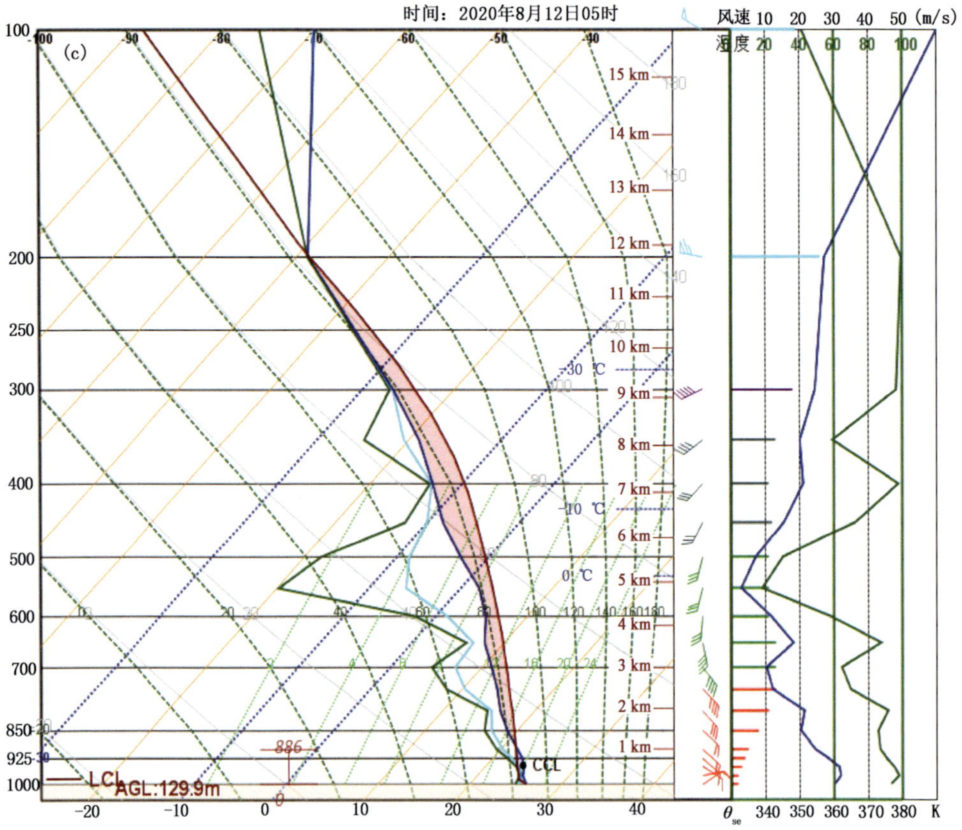

图 3.23 8 月 12 日 02 时 500 hPa 高度场(等值线,单位:dagpm)、850 hPa 风场和相对湿度场(a);
8 月 13 日 14 时 500 hPa 高度场、850 hPa 风场和相对湿度场(b)和
8 月 12 日 05 时河北南部(114°E,37°N)温度-对数压力图(c)

11 日 20 时左右开始,安徽北部有对流系统生成并不断向北发展。12 日 04—05 时,河北南部、河南北部、山东西部等地有分散的多单体对流系统生成并发展。06—08 时,对流单体在河北南部等地快速组织化发展,呈现弓状回波系统特征;之后对流系统不断向北传播发展,在下游地区不断触发出新生对流系统并发展加强,最大回波强度大于 55 dBZ,河北南部和中部等地先后出现小时雨量 50～80 mm,最大小时雨强 134.2 mm 的短时强降水,局地伴有冰雹或雷暴大风。13 日 11 时左右,山东北部较强对流系统再次快速发展成近东北—西南向的飑线,并不断东移南压进入山东及渤海海域。其东段在 12 时 30 分左右入海,先加强后减弱,西段东移南压至山东南部后至 14 日凌晨逐渐减弱。但由于山东南部不断有新生对流触发合并进入飑线系统后部,直至 14 日 16 时才逐渐消散,飑线过程结束(图 3.24)。

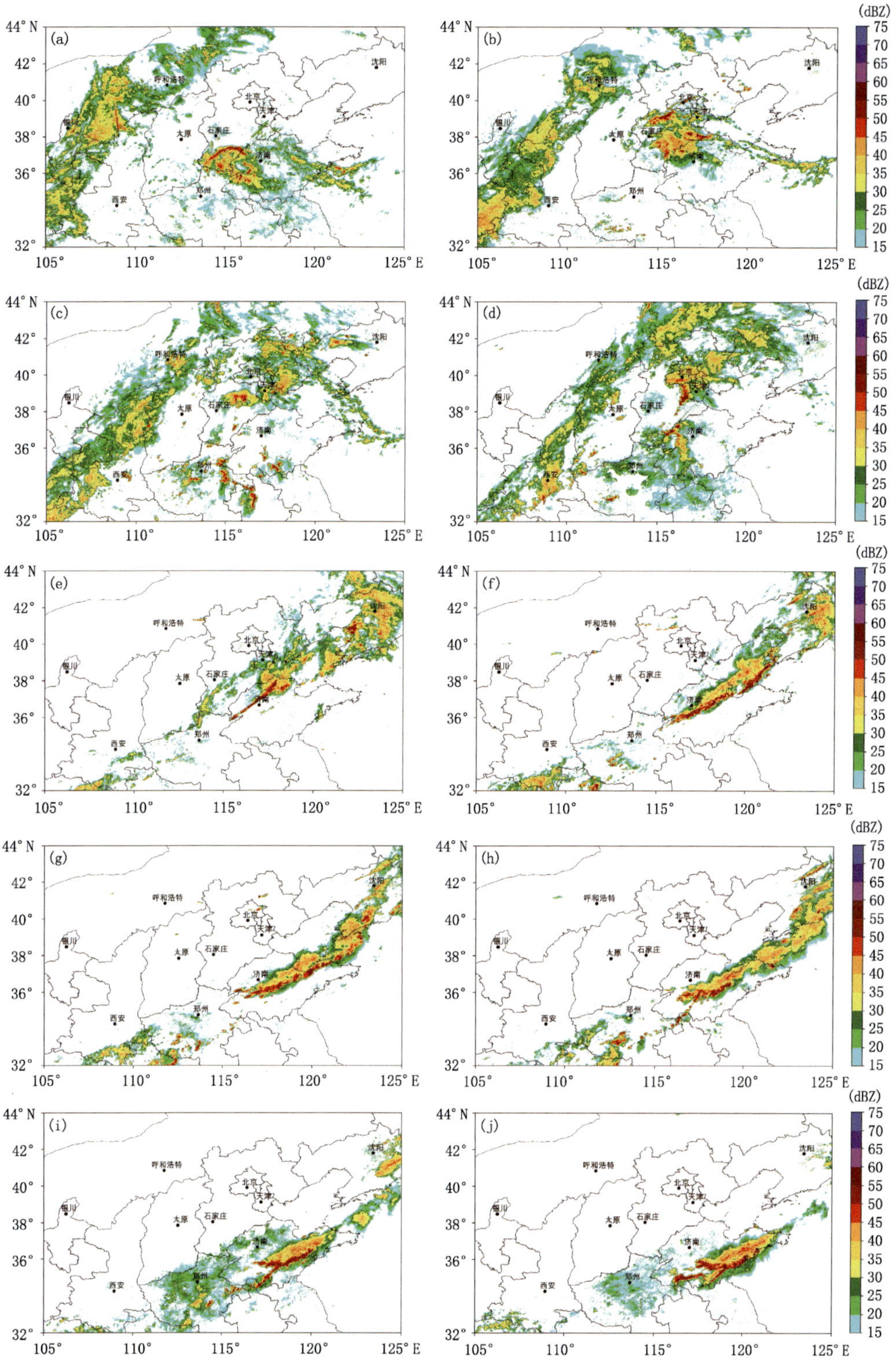

图 3.24　8 月 12—13 日日中尺度对流系统雷达回波实况演变

(a)12 日 07 时 30 分；(b)12 日 12 时；(c)12 日 16 时 30 分；(d)12 日 21 时；(e)13 日 12 时；(f)13 日 15 时；(g)13 日 17 时；(h)13 日 19 时；(i)13 日 21 时；(j)13 日 23 时

附录A 2020年主要强对流天气过程索引

对2020年41次主要强对流天气过程根据过程影响时段、主要天气类型和主要影响省（区、市）分别给出索引，供读者根据需要快速定位详细信息。

附表 A.1 影响时段索引

序号	过程时段		主要影响省（区、市）	强对流类型	页码	备注
1	2月	13—15日	湖南、福建、贵州、广西、广东	短时强降水为主，伴雷暴大风和冰雹	18	
2	3月	26—28日	重庆、湖南、江西、福建、贵州、广西、广东	短时强降水为主，伴雷暴大风和冰雹	20	
3	4月	12日	安徽、江苏、浙江、上海	雷暴大风为主	22	
4	5月	4—7日	安徽、江苏、浙江、上海	雷暴大风和短时强降水为主，伴冰雹	23	
5		10—11日	内蒙古、黑龙江、吉林	雷暴大风为主	25	
6		11—12日	江西、福建、广西、广东、贵州	短时强降水和雷暴大风为主，伴冰雹	26	
7		15—18日	山西、陕西、河北、河南、山东	雷暴大风为主，伴冰雹和短时强降水	28	重大强对流天气事件1
8		14—17日	贵州、湖南、江西、福建、浙江、广西、广东	短时强降水为主，伴雷暴大风和冰雹	30	
9		19—22日	贵州、湖南、福建、广东、广西	短时强降水为主，伴雷暴大风和冰雹	32	
10		21日	内蒙古、河北、山西、陕西、天津	雷暴大风为主，伴冰雹和短时强降水	34	
11		30日—6月1日	内蒙古、黑龙江、吉林、山西、河北、北京	雷暴大风为主，伴冰雹和短时强降水	36	
12	6月	1—2日	内蒙古、山西、河北、北京、天津、山东	雷暴大风为主，伴冰雹和短时强降水	38	重大强对流天气事件2
13		1—3日	重庆、贵州、湖南、江西、福建、广西、广东	短时强降水为主，伴雷暴大风和冰雹	40	
14		5日	安徽、江苏、浙江、江西、福建、广西、广东	短时强降水为主，伴雷暴大风和冰雹	42	
15		6—10日	四川、云南、贵州、湖南、江西、福建、广西、广东	短时强降水为主，伴雷暴大风和冰雹	44	

续表

序号	过程时段		主要影响省（区、市）	强对流类型	页码	备注
16	6 月	8—9 日	内蒙古、黑龙江、吉林	雷暴大风为主，伴短时强降水	46	
17		10—11 日	内蒙古、黑龙江、吉林、辽宁	雷暴大风为主，伴冰雹和短时强降水	48	
18		12—13 日	湖北、安徽、江苏、贵州、湖南	雷暴大风和短时强降水为主，伴冰雹	50	重大强对流天气事件 3
19		13—14 日	内蒙古、黑龙江、吉林、辽宁、河北	雷暴大风为主，伴短时强降水	52	
20		15—16 日	河南、安徽、江苏、湖北、浙江	短时强降水为主，伴雷暴大风和冰雹	54	
21		16—18 日	四川、贵州、重庆、湖北	短时强降水为主，伴雷暴大风	56	
22		23—26 日	贵州、湖南、江西、福建、广西、广东	短时强降水为主，伴雷暴大风和冰雹	58	
23		24—26 日	内蒙古、陕西、山西、河北、天津、河南、山东	雷暴大风为主，伴冰雹和短时强降水	60	重大强对流天气事件 4
24		26—28 日	河南、湖北、安徽、江苏、重庆、四川	短时强降水为主，伴雷暴大风和冰雹	62	重大强对流天气事件 5
25	7 月	1—4 日	湖北、安徽、江西、浙江、云南、贵州、湖南	短时强降水为主，伴雷暴大风和冰雹	64	
26		2—3 日	山西、河北、北京、河南、山东	雷暴大风和短时强降水为主，伴冰雹	66	
27		5—6 日	内蒙古、山西、河北、北京、天津、山东	雷暴大风和短时强降水为主，伴冰雹	68	
28		5—10 日	湖北、安徽、江西、浙江、贵州、湖南	短时强降水为主，伴雷暴大风和冰雹	70	
29		17—19 日	湖北、安徽、江苏、贵州、湖南、江西	短时强降水为主，伴雷暴大风和冰雹	72	
30		22—23 日	山东、河南、安徽、江苏	短时强降水为主，伴雷暴大风	74	
31		24—26 日	四川、重庆、湖北、贵州	短时强降水为主，伴雷暴大风和冰雹	76	
32	8 月	1—2 日	山西、河北、天津、河南、山东	雷暴大风和短时强降水为主，伴冰雹	78	重大强对流天气事件 6

续表

序号	过程时段		主要影响省（区、市）	强对流类型	页码	备注
33	8月	2—4日	内蒙古、黑龙江、吉林、辽宁	雷暴大风和短时强降水为主，伴冰雹	80	
34		8—10日	湖北、安徽、江苏、江西、浙江、湖南	短时强降水为主，伴雷暴大风和冰雹	82	
35		9—10日	山西、河北、天津、山东	雷暴大风和短时强降水为主，伴冰雹	84	重大强对流天气事件7
36		12—14日	辽宁、河北、北京、山东	短时强降水为主，伴雷暴大风和冰雹	86	重大强对流天气事件8
37		17—19日	吉林、辽宁、山西、河北、河南	雷暴大风和短时强降水为主，伴冰雹	88	
38		19—21日	河南、山东、湖北、江苏、湖南、江西	雷暴大风和短时强降水为主，伴冰雹	90	
39		23—25日	辽宁、河北、山东、江苏	短时强降水为主，伴雷暴大风和冰雹	92	
40		23—27日	浙江、江西、福建、湖南、广西、广东	雷暴大风和短时强降水为主，伴冰雹	94	
41	9月	5—7日	贵州、广西、广东	短时强降水为主，伴雷暴大风和冰雹	96	

附表 A.2　天气类型索引

天气类型	序号	月日期	区域	天气系统	页码
雷暴大风和冰雹为主型	3	4月12日	黄淮东部、江淮东部	冷涡、横槽	22
	5	5月10—11日	东北地区	冷涡；切变线、低空急流；冷锋	25
	7	5月15—18日	西北地区东部、华北、黄淮	冷涡；切变线；冷锋	28
	10	5月21日	华北、内蒙古中部偏南地区	冷涡；切变线；冷锋	34
	11	5月30日—6月1日	华北、内蒙古、东北地区	高空槽；切变线；冷锋	36
	12	6月1—2日	华北、黄淮东部、内蒙古中部	高空槽；低层切变系统、低空急流	38
	16	6月8—9日	东北地区、内蒙古东部	高空槽；切变线、低空急流	46
	17	6月10—11日	东北地区、内蒙古东部	高空槽；切变线、低空急流	48
	19	6月13—14日	内蒙古东部、华北北部、东北地区	冷涡；切变线；冷锋	52
	23	6月24—26日	华北、黄淮北部、内蒙古中部	冷涡；切变线；冷锋	60
	35	8月9—10日	华北	冷涡；低涡切变线、低空急流	84

续表

天气类型	序号	月日期	区域	天气系统	页码
短时强降水为主型	1	2 月 13—15 日	华南、江南、西南地区东北部	高空槽；切变线、低空急流	18
	2	3 月 26—28 日	华南、江南、西南地区东北部	高空槽；切变线、低空急流	20
	8	5 月 14—17 日	江南、华南、西南地区东部	高空槽；切变线、准静止锋	30
	9	5 月 19—22 日	华南、西南地区东部	切变线、低空急流	32
	13	6 月 1—3 日	江南、华南、西南地区东部	高空槽；切变线	40
	14	6 月 5 日	江淮、江南、华南	高空槽；切变线	42
	15	6 月 6—10 日	华南、江南、西南地区东部	高空槽；切变线、低空急流；地面气旋	44
	20	6 月 15—16 日	长江中下游	副热带高压；切变线	54
	21	6 月 16—18 日	西南地区	高空槽；低层低涡	56
	22	6 月 23—26 日	江南、华南、西南地区东部	高空槽；切变线、低空急流；冷锋	58
	24	6 月 26—28 日	江汉、江淮、西南地区东部	高空槽；低层低涡、低空急流；准静止锋	62
	25	7 月 1—4 日	西南地区、江南、华南	高空槽；低层低涡、切变线；准静止锋	64
	28	7 月 5—10 日	西南地区东部、江汉、江南中北部	高空槽、副热带高压；切变线；江淮气旋、准静止锋	70
	29	7 月 17—19 日	西南地区东部、江汉、江淮	高空槽；低层低涡、切变线；准静止锋	72
	30	7 月 22—23 日	黄淮	副热带高压；低空急流；江淮气旋	74
	31	7 月 24—26 日	西南地区东北部	高空槽；西南涡	76
	34	8 月 8—10 日	江淮、江汉、江南	副热带高压；切变线、低空急流	82
	39	8 月 23—25 日	华北、黄淮、东北地区南部	高空槽；切变线、低空急流；冷锋	92
	41	9 月 5—7 日	西南地区、华南	低空切变线	96
混合型	4	5 月 4—7 日	江南、江汉南部、西南地区东北部	高空槽；低涡；地面气旋	23
	6	5 月 11—12 日	华南、江南	副热带高压；切变线；冷锋	26
	18	6 月 12—13 日	西南地区东北部、江汉、江淮	高空槽；切变线	50
	26	7 月 2—3 日	华北、黄淮	高空槽	66
	27	7 月 5—6 日	华北	高空槽；切变线	68
	32	8 月 1—2 日	华北、黄淮、内蒙古中部	冷涡；低层低涡；地面气旋、冷锋	78
	33	8 月 2—4 日	内蒙古中部、东北地区	冷涡；低涡切变线、低空急流；冷锋	80
	36	8 月 12—14 日	华北、黄淮、东北地区南部	冷涡、副热带高压；低空急流、切变线；冷锋	86
	37	8 月 17—19 日	华北、东北	高空槽、副热带高压；低空急流、切变线；冷锋	88
	38	8 月 19—21 日	黄淮、江淮、江汉、江南等地	高空槽、副热带高压；冷锋	90
	40	8 月 23—27 日	江南、华南、西南地区东部	高空槽；台风、切变线、低空急流	94

附录 A.3　影响省(区、市)索引

省(区、市)	序号	时段	强对流天气/站次				页码
			短时强降水	雷暴大风	冰雹	龙卷	
北京	11	5 月 30—6 月 1 日	1	4	0	\	36
	12	6 月 1—2 日	0	7	0	\	38
	26	7 月 2—3 日	10	0	0	\	66
	27	7 月 5—6 日	2	0	0	\	68
	36	8 月 12—14 日	23	0	0	\	86
天津	10	5 月 21 日	4	4	0	\	34
	12	6 月 1—2 日	0	12	0	\	38
	23	6 月 24—26 日	8	3	0	\	60
	27	7 月 5—6 日	13	2	0	\	68
	32	8 月 1—2 日	8	4	0	\	78
	35	8 月 9—10 日	4	4	0	\	84
河北	7	5 月 15—18 日	0	29	1	\	28
	10	5 月 21 日	15	62	4	\	34
	11	5 月 30 日—6 月 1 日	2	21	1	\	36
	12	6 月 1—2 日	3	90	3	\	38
	19	6 月 13—14 日	0	3	0	\	52
	23	6 月 24—26 日	37	69	9	\	60
	26	7 月 2—3 日	24	7	3	\	66
	27	7 月 5—6 日	27	37	2	\	68
	32	8 月 1—2 日	48	51	5	\	78
	35	8 月 9—10 日	33	25	7	\	84
	36	8 月 12—14 日	102	2	2	\	86
	37	8 月 17—19 日	53	27	4	\	88
	39	8 月 23—25 日	69	1	1	\	92
山西	7	5 月 15—18 日	0	46	3	\	28
	10	5 月 21 日	0	18	1	\	34
	11	5 月 30 日—6 月 1 日	4	12	1	\	36
	12	6 月 1—2 日	0	33	1	\	38
	23	6 月 24—26 日	8	139	1	\	60
	26	7 月 2—3 日	8	1	0	\	66
	27	7 月 5—6 日	0	54	0	\	68
	32	8 月 1—2 日	19	46	0	\	78

续表

省(区、市)	序号	时段	强对流天气/站次				页码
			短时强降水	雷暴大风	冰雹	龙卷	
山西	35	8 月 9—10 日	5	1	0	\	84
	37	8 月 17—19 日	20	9	1	\	88
内蒙古	5	5 月 10—11 日	0	2	0	\	25
	10	5 月 21 日	0	21	0	\	34
	11	5 月 30 日—6 月 1 日	0	133	2	\	36
	12	6 月 1—2 日	0	24	0	\	38
	16	6 月 8—9 日	0	17	0	\	46
	17	6 月 10—11 日	2	89	1	\	48
	19	6 月 13—14 日	3	37	0	\	52
	23	6 月 24—26 日	3	83	0	有	60
	27	7 月 5—6 日	13	19	1	\	68
	33	8 月 2—4 日	26	64	1	\	80
辽宁	17	6 月 10—11 日	2	5	1	\	48
	19	6 月 13—14 日	2	23	0	\	52
	33	8 月 2—4 日	48	31	1	\	80
	36	8 月 12—14 日	54	4	0	\	86
	37	8 月 17—19 日	45	23	0	\	88
	39	8 月 23—25 日	113	2	0	\	92
吉林	5	5 月 10—11 日	0	77	0	\	25
	11	5 月 30 日—6 月 1 日	0	53	0	\	36
	16	6 月 8—9 日	0	10	0	\	46
	17	6 月 10—11 日	0	49	0	\	48
	19	6 月 13—14 日	8	38	0	有	52
	33	8 月 2—4 日	52	44	1	\	80
	37	8 月 17—19 日	23	2	0	\	88
黑龙江	5	5 月 10—11 日	0	52	0	\	25
	11	5 月 30 日—6 月 1 日	3	79	4	\	36
	16	6 月 8—9 日	14	94	0	有	46
	17	6 月 10—11 日	3	15	0	\	48
	19	6 月 13—14 日	17	32	1	\	52
	33	8 月 2—4 日	106	46	3	\	80
上海	3	4 月 12 日	0	9	0	\	22
江苏	3	4 月 12 日	0	33	0	\	22
	14	6 月 5 日	12	0	0	\	42
	18	6 月 12—13 日	85	25	0	有	50

续表

省(区、市)	序号	时段	强对流天气/站次				页码
			短时强降水	雷暴大风	冰雹	龙卷	
江苏	20	6 月 15—16 日	51	1	0	\	54
	24	6 月 26—28 日	52	0	2	\	62
	29	7 月 17—19 日	73	19	1	\	72
	30	7 月 22—23 日	49	2	0	有	74
	34	8 月 8—10 日	51	6	3	\	82
	38	8 月 19—21 日	54	15	1	\	90
	39	8 月 23—25 日	16	1	0	\	92
浙江	3	4 月 12 日	0	3	0	\	22
	8	5 月 14—17 日	34	32	0	\	30
	14	6 月 5 日	23	2	0	\	42
	20	6 月 15—16 日	20	3	0	\	54
	25	7 月 1—4 日	68	5	1	\	64
	28	7 月 5—10 日	72	2	0	\	70
	34	8 月 8—10 日	12	13	0	\	82
	40	8 月 23—27 日	31	28	1	\	94
安徽	3	4 月 12 日	0	1	0	\	22
	14	6 月 5 日	57	1	2	\	42
	18	6 月 12—13 日	87	24	1	\	50
	20	6 月 15—16 日	74	1	2	\	54
	24	6 月 26—28 日	56	2	0	\	62
	25	7 月 1—4 日	60	2	0	\	64
	28	7 月 5—10 日	102	3	4	\	70
	29	7 月 17—19 日	109	7	1	\	72
	30	7 月 22—23 日	14	2	0	有	74
	34	8 月 8—10 日	57	4	1	\	82
福建	1	2 月 13—15 日	6	0	1	\	18
	2	3 月 26—28 日	30	7	1	\	20
	4	5 月 4—7 日	65	31	11	有	23
	6	5 月 11—12 日	8	2	1	\	26
	8	5 月 14—17 日	36	13	4	\	30
	9	5 月 19—22 日	10	0	0	\	32
	13	6 月 1—3 日	61	8	5	\	40
	14	6 月 5 日	26	23	4	\	42
	15	6 月 6—10 日	100	2	0	\	44
	22	6 月 23—26 日	39	14	3	\	58
	40	8 月 23—27 日	74	25	6	\	94

续表

省(区、市)	序号	时段	强对流天气/站次				页码
			短时强降水	雷暴大风	冰雹	龙卷	
江西	2	3 月 26—28 日	33	2	0	\	20
	4	5 月 4—7 日	104	74	5	\	23
	6	5 月 11—12 日	6	2	1	\	26
	8	5 月 14—17 日	105	34	6	\	30
	13	6 月 1—3 日	88	9	2	\	40
	14	6 月 5 日	54	9	2	\	42
	15	6 月 6—10 日	110	0	2	\	44
	22	6 月 23—26 日	128	17	4	\	58
	25	7 月 1—4 日	113	23	7	\	64
	28	7 月 5—10 日	198	2	6	\	70
	29	7 月 17—19 日	13	3	2	\	72
	34	8 月 8—10 日	40	8	1	\	82
	38	8 月 19—21 日	42	26	4	有	90
	40	8 月 23—27 日	58	31	1	\	94
山东	7	5 月 15—18 日	47	143	5	\	28
	12	6 月 1—2 日	18	45	8	\	38
	23	6 月 24—26 日	46	14	2	\	60
	26	7 月 2—3 日	27	2	1	\	66
	27	7 月 5—6 日	18	5	1	\	68
	30	7 月 22—23 日	113	1	0	\	74
	32	8 月 1—2 日	124	23	1	\	78
	35	8 月 9—10 日	1	4	0	\	84
	36	8 月 12—14 日	177	12	6	\	86
	38	8 月 19—21 日	62	12	1	\	90
	39	8 月 23—25 日	42	10	0	\	92
河南	7	5 月 15—18 日	0	69	0	\	28
	20	6 月 15—16 日	13	0	1	\	54
	23	6 月 24—26 日	4	40	2	\	60
	24	6 月 26—28 日	42	1	1	\	62
	26	7 月 2—3 日	4	3	1	\	66
	30	7 月 22—23 日	80	1	0	\	74
	32	8 月 1—2 日	23	4	1	\	78
	37	8 月 17—19 日	21	12	4	\	88
	38	8 月 19—21 日	62	9	2	\	90

续表

省(区、市)	序号	时段	强对流天气/站次				页码
			短时强降水	雷暴大风	冰雹	龙卷	
湖北	4	5月4—7日	48	22	2	\	23
	18	6月12—13日	90	7	1	\	50
	20	6月15—16日	22	1	1	\	54
	21	6月16—18日	27	0	0	\	56
	24	6月26—28日	103	1	0	有	62
	25	7月1—4日	88	5	0	\	64
	28	7月5—10日	114	1	2	\	70
	29	7月17—19日	60	0	1	\	72
	31	7月24—26日	32	2	1	\	76
	34	8月8—10日	60	1	3	\	82
	38	8月19—21日	79	11	2	\	90
湖南	1	2月13—15日	14	24	0	\	18
	2	3月26—28日	44	21	3	\	20
	4	5月4—7日	111	70	5	\	23
	8	5月14—17日	89	11	1	\	30
	9	5月19—22日	26	1	1	\	32
	13	6月1—3日	70	10	1	\	40
	15	6月6—10日	126	2	1	\	44
	18	6月12—13日	36	1	1	\	50
	22	6月23—26日	69	2	0	\	58
	25	7月1—4日	102	5	2	\	64
	28	7月5—10日	94	3	0	\	70
	29	7月17—19日	62	1	0	\	72
	34	8月8—10日	83	6	0	\	82
	38	8月19—21日	47	2	1	\	90
	40	8月23—27日	105	6	2	\	94
广东	1	2月13—15日	30	3	3	\	18
	2	3月26—28日	84	8	3	\	20
	6	5月11—12日	111	42	2	\	26
	8	5月14—17日	30	17	1	\	30
	9	5月19—22日	158	20	1	\	32
	13	6月1—3日	70	16	3	有	40
	14	6月5日	34	13	1	\	42
	15	6月6—10日	181	20	6	有	44
	22	6月23—26日	53	14	2	\	58

续表

省(区、市)	序号	时段	强对流天气/站次				页码
			短时强降水	雷暴大风	冰雹	龙卷	
广东	40	8 月 23—27 日	76	9	2	\	94
	41	9 月 5—7 日	30	1	2	\	96
广西	1	2 月 13—15 日	102	11	3	\	18
	2	3 月 26—28 日	34	8	1	\	20
	6	5 月 11—12 日	86	13	3	\	26
	8	5 月 14—17 日	142	24	3	\	30
	9	5 月 19—22 日	150	17	4	有	32
	13	6 月 1—3 日	142	20	4	\	40
	14	6 月 5 日	78	2	1	\	42
	15	6 月 6—10 日	186	8	4	\	44
	22	6 月 23—26 日	165	8	1	\	58
	40	8 月 23—27 日	108	5	0	\	94
	41	9 月 5—7 日	104	0	1	\	96
重庆	2	3 月 26—28 日	18	17	1	\	20
	4	5 月 4—7 日	25	28	2	\	23
	13	6 月 1—3 日	15	0	0	\	40
	21	6 月 16—18 日	27	1	0	\	56
	24	6 月 26—28 日	47	3	0	\	62
	31	7 月 24—26 日	63	10	2	\	76
四川	4	5 月 4—7 日	12	22	5	\	23
	15	6 月 6—10 日	7	20	1	\	44
	21	6 月 16—18 日	50	28	0	\	56
	24	6 月 26—28 日	36	14	0	\	62
	31	7 月 24—26 日	84	4	3	\	76
贵州	1	2 月 13—15 日	4	4	0	\	18
	2	3 月 26—28 日	27	8	1	\	20
	4	5 月 4—7 日	16	19	0	\	23
	6	5 月 11—12 日	6	3	0	\	26
	8	5 月 14—17 日	75	16	1	\	30
	9	5 月 19—22 日	65	12	0	\	32
	13	6 月 1—3 日	61	10	0	\	40
	15	6 月 6—10 日	110	5	2	\	44
	18	6 月 12—13 日	61	2	0	\	50
	21	6 月 16—18 日	46	3	0	\	56
	22	6 月 23—26 日	56	1	0	\	58

续表

省（区、市）	序号	时段	强对流天气/站次				页码
			短时强降水	雷暴大风	冰雹	龙卷	
贵州	25	7月1—4日	111	3	0	\	64
	28	7月5—10日	120	4	0	\	70
	29	7月17—19日	72	16	0	\	72
	31	7月24—26日	25	3	0	\	76
	41	9月5—7日	89	3	0	\	96
云南	15	6月6—10日	30	16	0	\	44
	25	7月1—4日	104	5	0	\	64
陕西	7	5月15—18日	3	18	0	\	28
	10	5月21日	0	9	0	\	34
	23	6月24—26日	7	40	0	\	60

附录B　强对流天气季节气候概率分布图

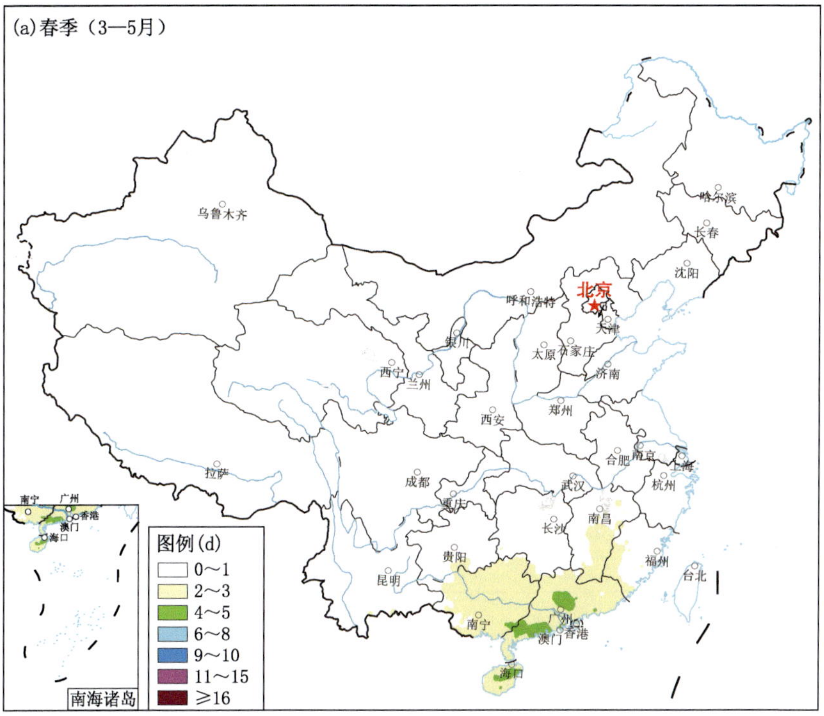

(a)春季（3—5月）

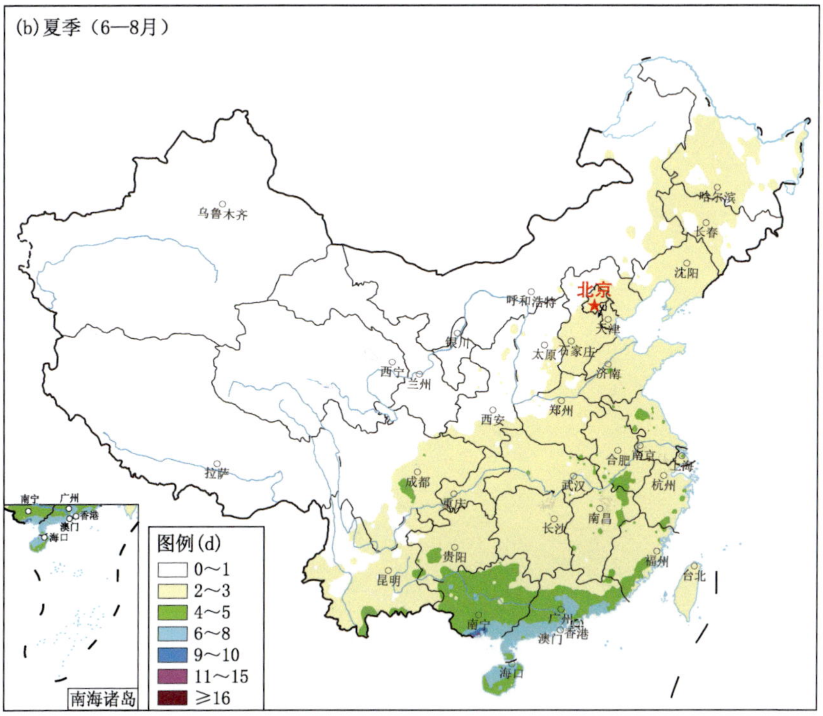

(b)夏季（6—8月）

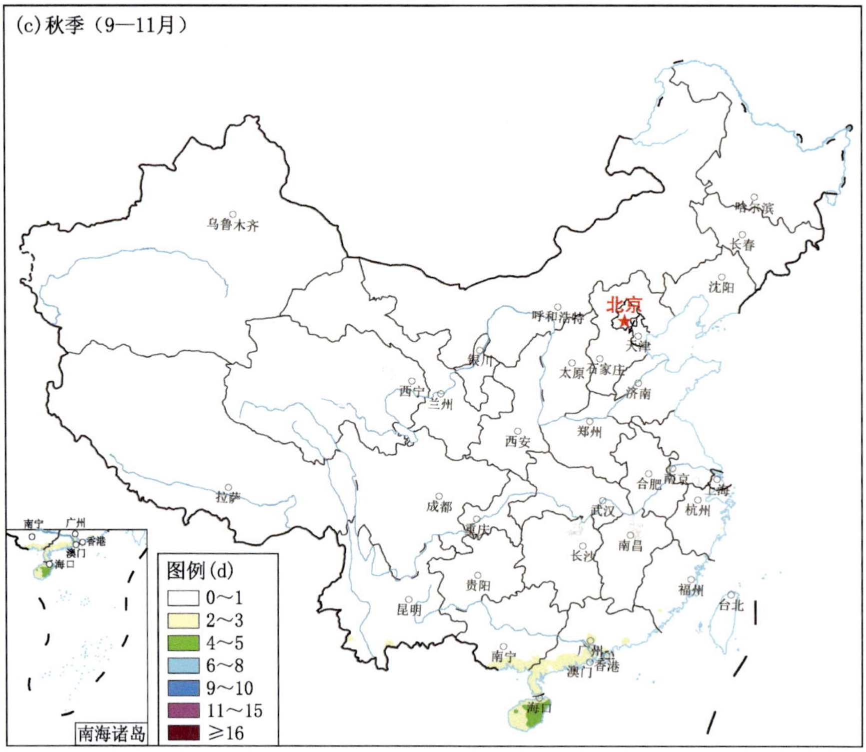

附图 B.1　1981—2010 年四季(a～d)全国短时强降水(≥20 mm/h)平均站日数分布

(a)春季（3—5月）

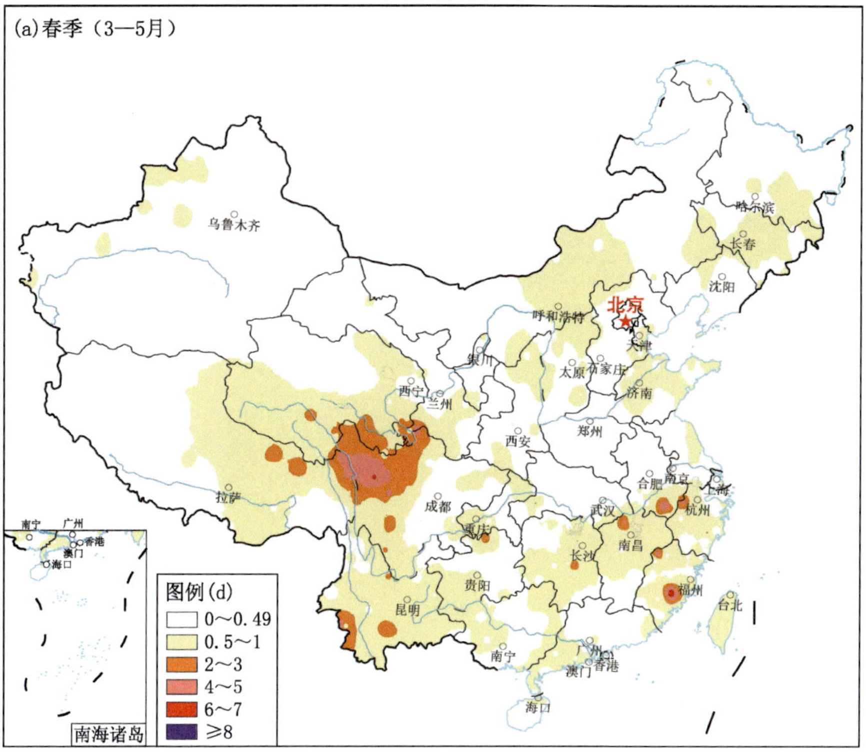

(b)夏季（3—5月）

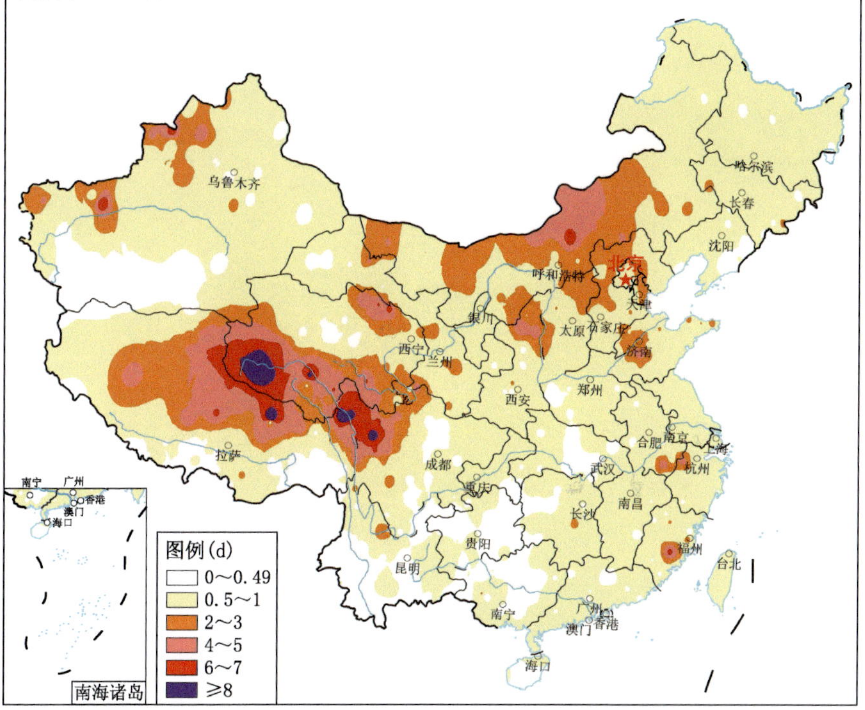

(c)秋季（9—11月）

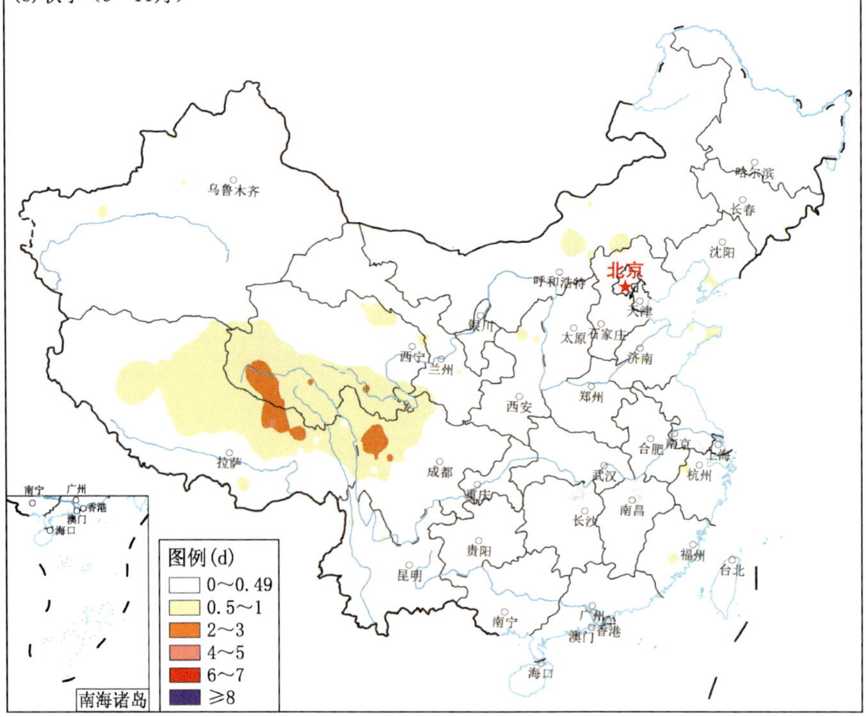

(d)冬季（12月至次年2月）

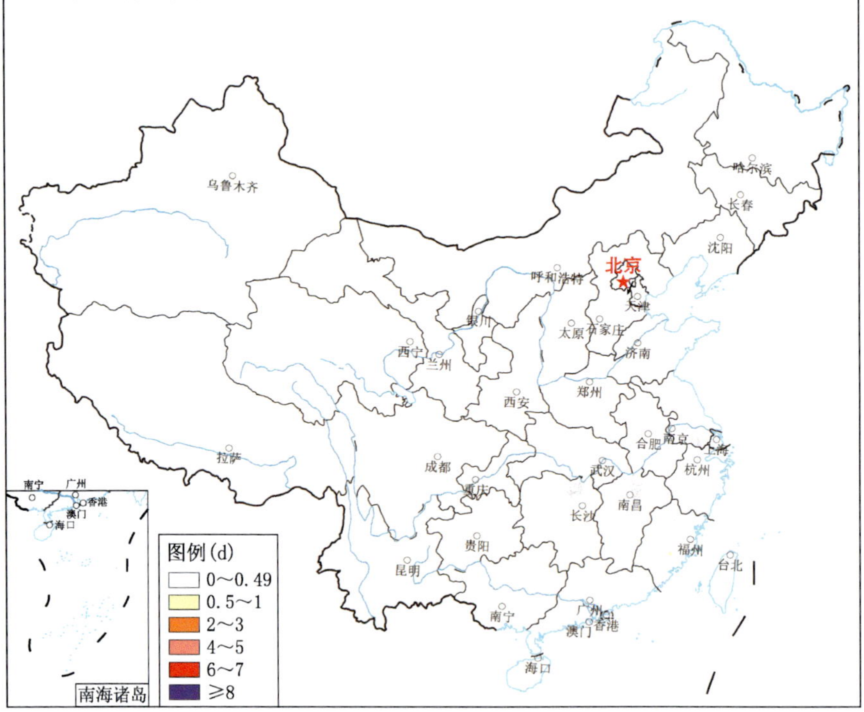

附图 B.2　1981—2010 年四季(a～d)全国雷暴大风(≥17.2 m/s)平均站日数分布

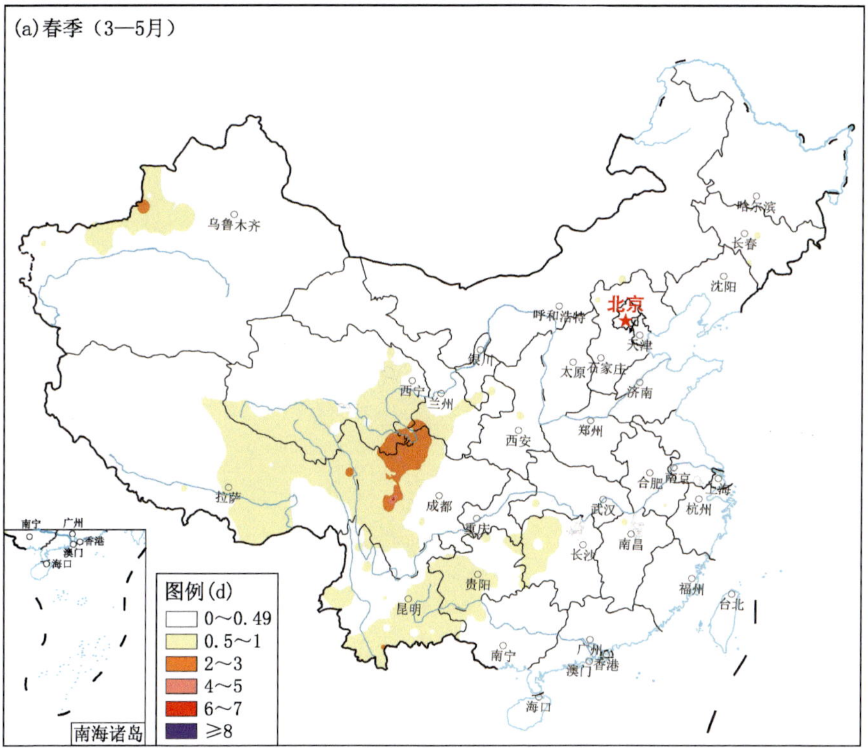
(a)春季（3—5月）
乌鲁木齐
哈尔滨
长春
沈阳
北京
呼和浩特
天津
银川
太原
石家庄
西宁
兰州
济南
西安
郑州
拉萨
成都
合肥
南京
上海
武汉
杭州
重庆
长沙
南昌
贵阳
福州
昆明
台北
南宁
广州
澳门
香港
海口
南海诸岛
图例(d)
0～0.49
0.5～1
2～3
4～5
6～7
≥8

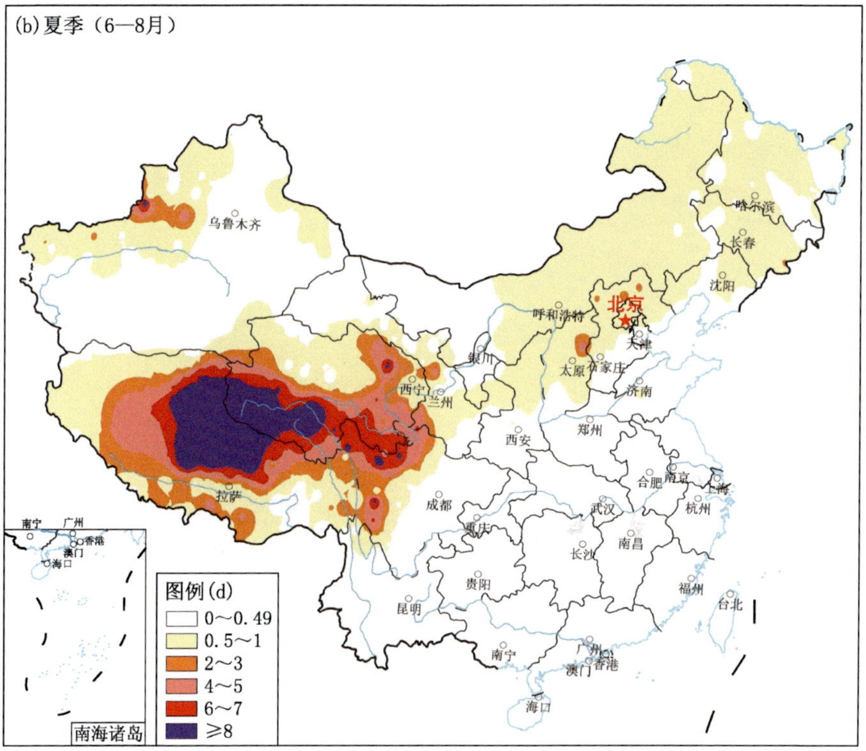
(b)夏季（6—8月）
乌鲁木齐
哈尔滨
长春
沈阳
北京
呼和浩特
天津
银川
太原
石家庄
西宁
兰州
济南
西安
郑州
拉萨
成都
合肥
南京
上海
武汉
杭州
重庆
长沙
南昌
贵阳
福州
昆明
台北
南宁
广州
澳门
香港
海口
南海诸岛
图例(d)
0～0.49
0.5～1
2～3
4～5
6～7
≥8

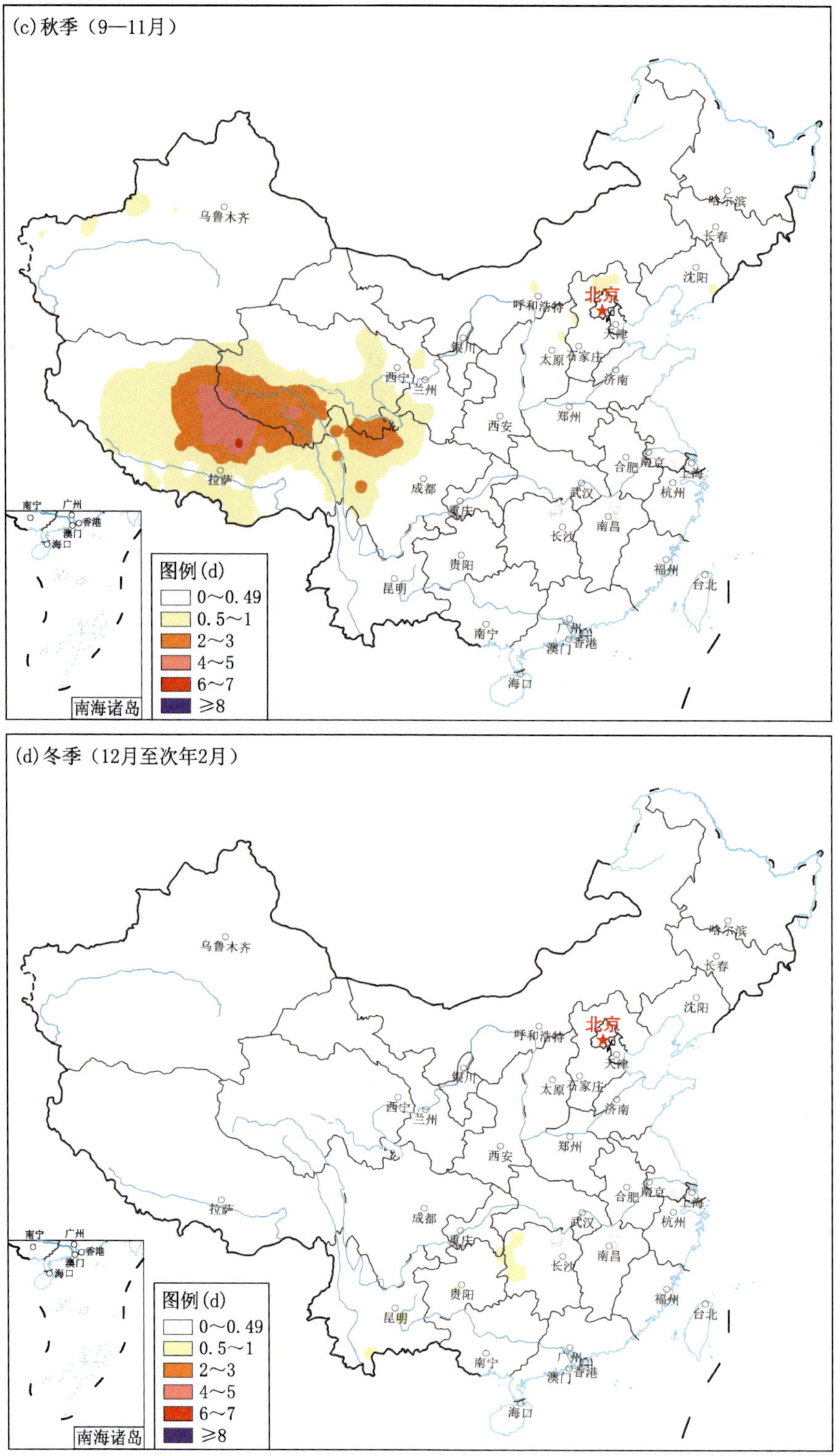

附图 B.3　1981—2010 年四季(a～d)全国冰雹平均站日数分布